KB263960

# 지리, 세상을 날다

# 지리, 세상을 날다

초판　1쇄 발행 2009년 5월 10일
초판 15쇄 발행 2021년 9월 10일

지은이　전국지리교사모임
펴낸이　이영선

편집　이일규 김선정 김문정 김종훈 이민재 김영아 김연수 이현정 차소영
디자인　김회량 이보아
독자본부　김일신 정혜영 김민수 박정래 손미경 김동욱

펴낸곳 서해문집 | 출판등록 1989년 3월 16일(제406-2005-000047호)
주소 경기도 파주시 광인사길 217(파주출판도시)
전화 (031)955-7470 | 팩스 (031)955-7469
홈페이지 www.booksea.co.kr | 이메일 shmj21@hanmail.net


ISBN　978-89-7483-382-4　03980

이 도서의 국립중앙도서관 출판예정도서목록(CIP)은 서지정보유통지원시스템 홈페이지(http://
seoji.nl.go.kr)와 국가자료공동목록시스템(http://www.nl.go.kr/kolisnet)에서 이용하실 수
있습니다.(CIP제어번호: CIP2009001261)

# 지리, 세상을 날다

Cool한 신세대 지리 선생님들의 Hot한 21세기 이슈 읽기

전국지리교사모임 지음

서해문집

# 지리는 세상을 보는 시선이다

인간으로 살아간다는 것은 공간과 함께한다는 것입니다. 인간은 공간의 제약을 약화시킬 수는 있지만 완전히 벗어나지는 못합니다. 인간이 공간으로부터 완전한 자유를 얻는다는 것은 곧 죽음을 의미합니다. 그런데 공간은 너무도 익숙하고 당연한 것이기 때문에, 숨을 쉬면서도 '공기'의 소중함을 인식하지 못하듯, 우리는 '공간'의 중요성을 잘 알지 못한 채 살아갑니다. 마치 사랑하는 사람이 떠나고 나서야 비로소 그 사람을 진정으로 사랑했다는 것을 알게 되는 것처럼, 우리는 공간을 떠날 수 없기에 공간의 소중함을 깨닫지 못하는 것인지도 모릅니다.

지리는 우리가 살아가는 데 필연적으로 요청되는 공간에 대해 이야기합니다. 우리가 살아가는 공간에는 기억하고 싶든, 지우고 싶든 우리의 희망과 절망이 고스란히 담겨 있습니다. 살아간다는 것은 공간에 자신을 담는 것이며, 공간은 곧 우리의 자화상입니다. 그래서 우리 조상들은 '안동' 권씨, '김해' 김씨, '전주' 이씨 등 우리가 본관이라 부르는 특정 공간에 자신의 정체성을 두었나 봅니다.

하지만 아직도 많은 사람들은 지리를 국가나 도시 이름, 산이나 강의 위치, 농산물이나 자원의 생산지 정도를 암기하는 골치 아픈 교과라고 생각합니다. 물론 알파벳을 알아야 영어를 할 수 있고, 숫자를 알아야 수학을 할 수 있는 것처럼, '위치'를 알아야 지리를 이해할 수 있습니다. 그러나 알파벳을 안다고 영어에 능통했다고 말하지 않는 것처럼, 위치를 암기했다고 지리를 제대로 아는 것은 아닙니다. 지리는 '위치'가 처한 상황과 맥락을 파악하고, 그 상황과 맥락을 전 지구적으로 확대해 가면서 그 위치에서 벌어지는 다양한 현상과 사건들을 판단하고 예측합니다. 그래서 '지리'를 알면 김치를 먹으면서 남아메리카와 콜럼버스를 떠올리고, 길에 버려진 종이 한 장을 보면서 시베리아 침엽수림의 남벌을 가슴 아파합니다. 또 우리에게 멋진 볼거리를 제공하는 도시의 빌딩 숲을 보면서 삶의 터전을 빼앗겼을 누군가를 생각합니다.

지리는 우리 각자가 홀로 존재하는 것이 아니라 우리가 위치한 공간, 환경, 세계와의 얽힘 속에 공존한다는 것을 깨닫게 합니다. 지리는 단순한 '물산의 지리'나 '지명의 지리'를 넘어 우리 삶에 새로운 시각과 시선을 던져 주는 하나의 패러다임입니다. 그런데 기존의 지리 교과서는 그러한 패러다임으로서의 지리를 보여주는 데 한계가 있습니다. 어쩌면 입시를 위한 지리, 교실 안에서의 지리만을 강요하는 우리 교육 현실에서는 당연한 결과인지도 모르겠습니다.

우리는 이 책을 통해 교과서와 교실 속에 갇힌 지리를 세상 밖으로 꺼내어 그동안 지리적 접근이 부족했던 일상의 사건과 현상들을 지리적으로 재해석하고 성찰해 보고자 합니다.

1장 '세계 속의 우리, 우리가 보는 세계'에서는 한반도를 가르는 휴전선, 우리 국토, 가장 한국적인 음식 고추, 우리의 필수 기호품 커피를 통해 우리만의 시야를 넘어 세계 속에서 우리를 되짚어 보고, 오래전 우리나라를 찾은 외국인과 외국을 바라본 한국인의 기록을 통해 우리 일상의 사건이나 현상을 어떠한 시선으로 보아야 하는지 생각해 봅니다.

2장 '차이를 존중하고 차별을 깨뜨리다'에서는 공간을 통해 드러난 선진국과 개발도상국, 외국인과 내국인, 부유층과 빈곤층에 대한 이중적인 시선을 비판하고, 선입견과 편견을 넘어 다함께 더불어 살아가기 위해 우리에게 진정으로 필요한 것이 무엇인지 모색합니다.

3장 '인간과 환경의 공존을 꿈꾸며'에서는 대운하, 도시, 주거, 지구온난화 문제 등 이 시대의 주요한 환경문제들을 지리적으로 검토해 보면서 서구화, 개발주의가 가져온 폐해들을 지적하고, 우리를 둘러싸고 있는 환경과 더불어 함께 살아갈 수 있는 방법을 고민합니다.

4장 '우리의 공간을 줌-인!'에서는 삶의 공간을 좀 더 미시적으로 들어가 한국식 주거의 대명사가 된 아파트, 매일 두 다리로 거닐고 버스를 타고 가며 경험하는 도시 구조, 최근 지리적 이슈가 되고 있는 청계천 개발, 행정수도 이전, 행정구역 개편 등을 지리적 관점에서 검토하며 더 나은 삶터를 만들기 위한 대안을 찾아봅니다.

우리의 삶을 조망하고 해석하는 하나의 패러다임으로서의 지리를 좀 더 많은 사람들과 나누기 위해 전국의 지리 선생님들이 모였지만 아직은 여기저기 빈틈이 많습니다. 모쪼록 이 책을 읽는 학생들과 일반 독자분들이 자신을 둘러싸고 있는 환경, 공간, 세계에 좀 더 많은 관심을 갖기 기대합니다. 또한 지리 교과서에서 배운 개념들과 우리의 일상을 연결해, 지금까지 무심하게 혹은 익숙하게 지나쳐 버린 것들에 관심을 갖고 지리의 색깔을 입혀 새로운 세상을 그려 보았으면 좋겠습니다.

끝으로 인내를 가지고 기다려 주신 서해문집, 특히 열정을 갖고 함께해 주신 편집자 임경훈님과 디자이너 김민정님께 감사의 말씀을 드립니다.

2009년 4월

저자들을 대표하여 김대훈

# 3장 인간과 환경의 공존을 꿈꾸며



# 4장 우리의 공간을 줌-인!

# 1장

## 세계 속의 우리, 우리가 보는 세계

# 장벽을 걷어치워라



휴전선은 한국 전쟁 직후인 1953년 7월, 정전협정에 따라 설정된 군사분계선이다.
휴전선을 중심으로 남·북 각각 2km를 완충 지역인 비무장지대(DMZ)로 지정하고 있다.
남북한이 이처럼 대치하고 있는 오늘날, 유럽에서는 국경을 허무는 작업이 한창이다.

# "장벽을 열어라!"

1989년 11월 9일 저녁 7시.

"지금 이 순간부터 동독 국민들은 모든 국경을 넘어 자유롭게 여행을 할 수 있습니다."

동독 공산당 선전 담당 비서인 샤보스키의 긴급 기자회견이 방송 전파를 타고 흘러나왔다. '지금 이 순간부터' '모든 국경을 넘어' '어디든' 갈 수 있다는 말에 동독 국민들은 전율했다. 사람들은 자신의 귀를 의심하면서도 서베를린으로 통하는 검문소로 물밀듯이 모여들어 큰 소리로 외치기 시작했다.

"장벽을 열어라!"

베를린장벽(Die Berliner Mauer)은 냉전의 상징이자 분단의 상징이었다. 1949년 동독에 공산주의 정권이 들어서고, 동독 내에 있는 도시 베를린이 동(공산주의), 서(자본주의)로 갈라지면서 서베를린은 '육지의 섬'으로 불렸다. 분단이 고착되고 나서 매년 수많은 동독 사람들이 서베를린을 통해 서독으로 넘어갔고, 그 수가 1961년까지 모두 250만 명에 이르렀다.

이를 막기 위해 동독 정부가 선택한 것은 장벽을 설치하는 것이었다. 처음에는 45km 길이의 철조망을 설치했다가, 얼마 후

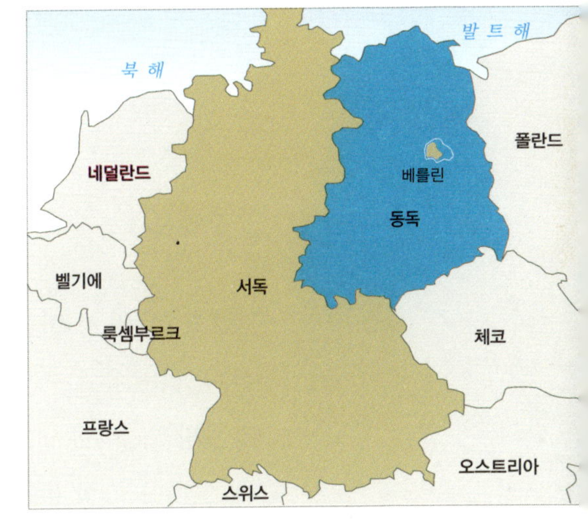



■ 분단 당시 동독과 서독
독일은 제2차 세계대전 이후 연합국들의 이해관계로 인해 동과 서로 분단되었다. 이때 원래 수도였던 베를린도 동과 서로 나뉘었다.

150km로 늘려 두꺼운 콘크리트 벽을 세우게 되었다. 1989년 11월 9일 동서독 간 자유 왕래가 허용되어 장벽이 무너질 때까지 무려 28년간 베를린장벽은 동서독 간의 화합과 소통을 가로막는 넘지 못할 벽으로 존재했다. 길고 두꺼운 콘크리트 담장을 사이에 두고, 두 지역 사람들은 정부의 허가를 받아 체크 포인트 찰리•을 통해서만 오갈 수 있었다. 이 장벽을 넘으려다 죽어간 사람만 1천여 명에 이른다고 하니 이곳은 단순한 경계가 아닌 비극의 장소였다.

장벽이 무너지고 1년이 지난 1990년, 동서독은 통일을 이루었고, 1999년에 베를린은 통일 독일의 수도로 다시 태어났다. 한때 정치·경제·문화의 중심지였던 도시가 제2차 세계대전 이후 동서 냉전의 영향으로 둘로 쪼개졌다가 다시 통일과 함께 하나로 합쳐져 수도가 된 것이다.

## '국경 없는 유럽' 시대를 맞은 '발트의 베를린'

베를린장벽의 붕괴는 유럽 통합의 서막에 지나지 않았다. 지금 유럽은 '국경 없는 유럽' 시대를 향해 한 걸음씩 나아가고 있다. 자유로운 국경 개방을 약속한 셍겐 조약 시행국들이 점차 확대되어 가고 있는 것이다. 프랑스, 독일 등 기존 EU 회원국 15개국에서 실시되던 국경 개방

은 2007년 12월 21일을 기해 동유럽 9개국까지 확대되었고 2008년에
는 스위스까지 합류해 이제 360만km²에 이르는 광활한 유럽 영토 내
에서 25개국, 4억 인구의 이동과 통행이 완전히 자유로워졌다.

　동유럽 국경 확대 조치를 가장 반긴 사람들은 누구였을까? 아마 에
스토니아의 발가, 라트비아의 발카 사람들이었을 것이다. 이 도시에서
는 국경 개방이 되던 2007년 12월 21일, 양국 정상이 모두 참여하고 세

■ **셴겐 조약 시행국 현황**
2007년 12월에는 동유럽 9
개국이, 2008년 12월에는
스위스가 국경 개방 대열에
합류함에 따라 셴겐 조약을
시행 중인 나라는 총 25개국
이 되었다.

계 언론들이 주목하는 가운데 대규모 축제가 열렸다. 이 마을 사람들은 "다른 도시 사람들은 이 기분을 모를 것"이라며, 기쁨을 감추지 못했다. 도대체 이 마을이 어떤 곳이기에 세계의 언론이 주목한 것일까?

발트 해 연안의 에스토니아와 라트비아 국경 지대에 위치한 이 도시는 2만여 명이 살고 있는 작은 도시다. 에스토니아어로는 발가(Valga), 라트비아어로는 발카(Valka)라고 불리는 이 도시는 마을 한가운데에 국경선이 그어져 있어 약 1만 5천 명은 북쪽 에스토니아 국민이고, 약 7천 명은 남쪽 라트비아 국민이다. 두 나라가 위치한 지역은 오랜 기간 독일의 무역 거점지였으며, 발가(발카)는 역사적으로 라트비아인과 에스토니아인이 사이좋게 함께 살던 민족 간 점이지대<sup>•</sup>였다. 누가 어



## TIP 솅겐 조약(Schengen Agreement)을 아세요?

1985년 룩셈부르크의 소도시 솅겐에서 맺어진 국경 개방 조약이다. EU 회원국 간의 국경을 철폐하고 공동의 출입국 관리 정책을 시행해서 국가 간 출입 수속을 없애기 위한 조치로, 회원국 국민에 대해서는 자국민과 똑같이 대우한다는 내용을 담고 있다. 2004년에 EU에 가입한 폴란드, 체코, 헝가리 등 동유럽 9개국의 국경 개방이 2007년 말에 이루어지고 2008년 말에 스위스가 이 대열에 합류하면서 유럽 역내에서 국경을 개방한 나라는 모두 25개국이 되었다. 현재 기존 EU 회원국 중에는 영국과 아일랜드가 이 조약에 가입하지 않고 있다.

우리가 유럽 여행을 할 때는 어떻게 하면 될까? 처음 들어가는 나라에서만 입국 심사를 하고, 자유롭게 여러 나라를 다니다 마지막 나라에서 출국 심사를 하면 된다.

느 민족인가 하는 것은 마을 사람들에게 그다지 중요한 일이 아니었다. 그러던 1920년, 에스토니아와 라트비아가 각각 공식 국가로 탄생하면서 민족 간 경계인 이곳에 국경이 그어지게 되었다. 그것도 잠시, 얼마 안 가 제2차 세계대전이 일어났고, 전쟁이 끝난 뒤에는 두 나라 모두 소련으로 묶이게 되면서 국경의 의미는 다시 사라지게 되었다. 마을 사람들은 서로 자유롭게 오가며 이사도 하고 직장도 다녔다. 반대편 지역에 부모님의 묘를 모시는 일도 허다했다. 그런데 1991년 소련이 해체되면서 또다시 국경이 나뉘게 되었다. 옆 마을 친척을 보러 가거나 부모님 묘소를 방문하기 위해 몇 주 걸려 비자를 발급받아야 했고, 몇 시간 동안 신분 검사를 받아야 했다. 이 지역 사람들에게 국경 개방 조치가 갖는 의미가 얼마나 컸을지 짐작할 수 있다.

## 남북 분단의 장소, 판문점과 JSA

전 세계 유일한 분단국가에 살고 있는 우리에게 독일의 통일, 유럽의 국경 개방 소식은 그 자체로 부러움의 대상이다. 한반도는 휴전선을 사이에 두고 남북으로 갈라져 있어 자유로운 왕래는 그야말로 '우리의 소원'이기 때문이다.

베를린장벽이나 발가(발카) 마을의 국경 검문소처럼 분단의 상징인 장소가 한반도에도 있으니, 바로 판문점이다. 이곳은 한국전쟁 이전까지만 해도 '널문리'라 불리는 한적한 시골 마을로 서울과 개성을 오가

■ **판문점** 남측에서 바라본 판문점 회담장의 모습이다.

는 길손들의 휴식처였다. 한국전쟁이 진행 중이던 1951년 10월, 그전
까지 개성에서 진행되던 휴전 회담을 이곳으로 옮겨 진행하면서 널문
리는 세상의 주목을 받게 되었다. 당시 회담에 참석하는 중공군 대표
들이 알아보기 쉽도록 인근의 주막 이름을 한자로 표기했는데, 그것이
'판문점(板門店)'이라는 지명으로 굳어진 것이다. 1953년 7월 27일 휴
전협정도 이곳 판문점에서 조인되었으며, 이후 이곳은 UN 측과 북한
측의 '공동경비구역(Joint Security Area)'이 되었다. 2000년에 개봉한
영화 〈공동경비구역 JSA〉는 바로 이곳을 배경으로 남북 분단의 아픔
을 그린 작품이다.

　판문점은 아무 때나 자유롭게 드나들 수 있는 공간이 아니다. 판문
점을 방문하려면 사전 허가 절차를 거쳐야 한다.

　남북 초소가 마주 보고 서 있는 판문점에는 중간에 높이 1m 정
도의 흰 말뚝이 일정한 간격을 두고 꽂혀 있는데, 남과 북의 경계
를 표시하는 것이다. 남측이 관리하는 회담장 안에 들어가면 짙
고 큰 선글라스를 낀 헌병들이 팔을 허리춤까지 올린 자세로 미
동도 하지 않은 채 마네킹처럼 서 있다. 선글라스를 끼고 있는 것은
상대방의 눈동자로부터 자유롭기 위해서고, 팔을 들고 있는 것은
총을 빨리 뽑기 위해서라고 한다. 분단 상황에 총부리를 겨눠야 할
상대가 누구인지 생각하면 재미있기보다는 가슴 아픈 장면이다. 외
국의 한 유명 잡지는 이를 두고 "눈빛이나 분위기로 사람을 죽일
수 있다면, 이곳 판문점에선 하루에도 수백 명이 죽어 나갈 것이
다."라고 했다.

■ 판문점 회담장 안 남측 헌병

판문점 주위를 둘러보면 커다란 국기 게양대가 세워져 있는 시골 마을이 눈에 들어온다. 그곳은 50여 가구 230여 명이 거주하는 대성동 '자유의 마을'이다. 북측을 겨냥한 남측의 선전 마을인 셈이다. 이 마을에는 100m 높이의 국기 게양대가 설치되어 있는데, 태극기의 크기는 가로 18m 세로 12m다. 한 달에 한 번 태극기를 교체하는 데 드는 비용만 약 200만 원이라고 하니 그 크기를 짐작할 수 있다.

이 마을 건너편에는 북한의 선전 마을인 기정동 마을이 있다. 1982년에 조성된 북한의 기정동 마을은 아파트가 몇 동 보이긴 하지만 대부분 군인들이 거주하고 있으며, 세계에서 가장 높은 160m의 게양대에 인공기가 걸려 있다. 대성동과는 불과 1.8km 정도 떨어져 있는 지척의 마을이다. 휴전선만 아니라면 이웃사촌으로 지낼 만큼 가까운 두 마을에서 국기 게양대의 높이가 체제의 우월성으로 둔갑한 현실이 안타깝기만 하다.


## 장벽을 허물고 희망의 싹을 틔우는 곳, 개성

날씨가 좋은 날에는 판문점에서 북한의 개성이 보인다. 판문점이 한반도 분단을 상징하는 장소라면, 개성은 화해와 평화를 상징하는 장소다. 2007년 12월 5일부터 일반인들을 대상으로 개성 관광이 시작되었다는 소식을 듣고, 2008년 1월에 개성 땅을 밟아 보았다.

새벽부터 일어나 버스를 타고 임진각에 모인 사람들의 표정은 북한 땅 개성을 밟는다는 생각에 졸린 기색 하나 없이 다들 들떠 있었다. 남측 도라산 CIQ(출입 사무소)를 통과해 관광버스에 올라타고 비무장지대에 들어섰다 싶었는데, 3~4분 만에 북측 CIQ에 도착했다. 생각했던 것보다 훨씬 가까웠다. 그래도 엄연히 다른 국가이니 입경 심사를 받아야 했다. 심사대에 앉아 있는 북측 동무가 여권에 해당하는 '개성 관광증'에 도장을 쾅 찍어 주면 심사는 끝. EU는 회원국들 간에 아무 제약 없이 국경을 넘나든다는데, 우리는 언제쯤 이런 형식적인 절차가 사라질까, 하는 생각이 들었다. 북녘 땅으로 넘어오니 남측 관광객에게 커피와 과자 등을 판매하는 북측 여성들이 보였다.

오전 8시 40분쯤 차량은 개성 공단에 들어섰다. 남측 관광객을 태운

● 토치카(tochka)
두꺼운 콘크리트나 흙주머니
등을 이용해 만든 사격 진지.

버스 8대가 지나가자 출근하는 북측 사람들이 너도나도 손을 흔들어
주었다. 북한의 경제특구인 개성 공단은 2003년 6월 착공식 이후 남북
한 협력 사업이 이루어지는 공간으로 큰 기대를 모으고 있다. 남한의
자본과 기술, 북한의 토지와 노동력이 결합해 상생을 이루는 공간으로
서 큰 의의를 가진다. 게다가 남한의 수도권과 가까운 최전방 지역에
서 남북 협력 사업이 이루어짐으로써 한반도 평화 안전판으로서의 역
할이 기대되고 있다. 실제로 과거에 개성 가는 길에 볼 수 있었던 참
호, 토치카● 등 군사 시설은 공단 사업이 시작되면서 사라졌다고 한
다. 2007년 3월 말 현재 39개 분양 기업 중 22개 기업이 가동 중이며,
그곳에서 북측 노동자 약 1만 3천 명이 근무하고 있다. 아직도 곳곳에
서 공사가 진행 중이었는데, 1단계 100만 평 공단 시범 사업이 완료되
면 기업 300개가 추가로 입주하고, 노동자는 7만~10만 명이 될 것이

라고 한다. 개성(開城)이 그 이름에 걸맞게 북한 개방의 관문 역할을 톡톡히 할 것으로 보인다.

개성을 보며 남북 사이에 단단하게 세워져 있는 장벽이 조금씩 허물어지고 있다는 확신을 가질 수 있었다. 평화와 자유, 민주적인 소통을 이루기 위해 많은 이들은 장벽이 허물어져야 한다고 생각한다.


## 허물어지는 장벽, 다시 세워지는 장벽

새로운 통일 독일의 수도 베를린에 다시 장벽이 세워졌다. 붕괴 당시 최소한의 구간만 남기고 모두 해체했던 베를린장벽의 일부 구간을 시 정부가 15년 만에 재건한 것이다. 동서독 국경 검문소였던 '체크 포인트 찰리' 자리에 세워진 높이 4m, 길이 200m의 장벽은 동서독 분단의 과거를 되살려 놓았다. 아픔의 장벽을 되살린 베를린 시민들의 진정한 의도는 무엇이었을까?

그들은 재건된 장벽을 통해 진정한 통일의 의미를 되새기고자 한 것이다. 통일은 순간의 선택이 아니라 지난한 과정임을, 독일은 통일이 된 것이 아니라 통일이 되어 가는 과정에 있음을 확인한 것이다. 또한 그 과정은 서로 다른 체제에서 60년 넘게 살아 온 동독과 서독 사람들이 서로의 차이를 인정하고, 그것을 극복하기 위한 긴 여정임을 서로에게, 그리고 세상에 알리고자 한 것이다.

통일 후 독일 정부는 통일 후유증을 치료하기 위해 지금까지 동독 사회 기반 시설 구축에만 1조 5천억 달러를 쏟아부었다. 그러나 동서독 간 지역 격차는 줄지 않고 있다. 오히려 동독 젊은이들이 서독으로 빠져나가면서, 동독은 인구가 줄고 빈집이 늘어만 갔다. 물리적 장벽만 제거하면 통일이 성큼 다가올 줄 알았던 많은 사람들에게 통일 이후 다가온 경제적·문화적·사회적 장벽은 더 무겁고 두터운 벽으로 느껴지고 있다. 결국 장벽을 무너뜨리고 나아가야 할 통일의 대장정은 장벽 제거 이후에도 여전히 진행 중인 셈이다.

동유럽 9개국에 대한 국경 개방에 대해서도 환호와 우려의 목소리가 함께 나오고 있다. 장기적으로 유럽 역내의 교류가 확대되고 교역과 관광이 활발해지겠지만, 당장 서유럽 지역으로의 난민 유입과 범죄 증가 등 부작용이 커질 것으로 전망된다. 하지만 이런 우려에도 불구

■ **도라산역** 도라산역은 서울과 신의주를 연결하는 경의선의 남측 최북단 역이다. 플랫폼에는 '서울 56km, 평양 205km'라고 써 있다. 언제쯤 이곳에서 평양행 기차를 탈 수 있을까?

하고 유럽은 국경 개방을 선택했다.

남쪽의 마지막 역이 아니라 북쪽으로 가는 첫번째 역입니다.

휴전선 근처 도라산역에 써 있는 말이다. 앞으로 우리는 어떤 선택을 해야 할까? 이 기찻길을 따라 대륙으로 열려 있는 미래 한반도를 상상해 보면 답은 분명해 보인다.

# 대한민국 재발견 프로젝트



사람이 태어난다는 것은 땅에 자리를 마련하는 것이고, 죽는다는 것은 땅으로부터 분리되는 것이다. 사람과 땅은 개별적 존재가 아니라 하나다. 지금 우리가 자리를 틀고 살아가는 국토도 그렇다. 국토는 다른 나라 사람이 아닌 바로 우리 삶의 터전이다. 따라서 우리의 살림살이도 국토와 무관할 수 없다. 국토는 수요와 공급의 법칙 이전에 그것을 가능하게 하는 조건인 것이다.

## 샌드위치 코리아?

1000번에 가까운 외침의 역사 때문일까? 언제부터인지 우리들 마음 속에, 대한민국은 작고 보잘것없으며 이렇다 할 자원도 없이 인구만 많은 초라한 나라로 인식되고 있는 것 같다. 일제가 만든, 반도 국가는 대륙과 해양 세력의 끊임없는 침략에 시달릴 수밖에 없다는 '반도 숙명론'을 기정사실로 받아들이는 사람들도 있다.

세계지도를 펼쳐 보자! 우리나라는 광활한 태평양 바다에 빠져 대륙의 동쪽 끝에서 거대한 유라시아 대륙을 머리에 이고 힘겨워하는 모습이다. 세계에서 가장 부유한 일본, 가장 인구가 많은 중국, 가장 땅이 넓은 러시아, 그리고 바다 건너 세계 최강 미국의 틈바구니에 끼어 답답한 모습이 '샌드위치' 혹은 '넛크래커에 끼인 호두' 같다. 게다가 가운데는 휴전선이 가로막고 있어 남한은 대륙과 단절된 섬으로 남아 있다.

## 발상의 전환이 필요하다

이제 세계지도를 거꾸로 돌려 보자! 지구의 대부분은 바다이다. 우리가 살고 있는 곳은 지구(地球)라기보다는 오히려 수구(水球)에 가깝다. 거대한 태평양은 수구의 중심이다. 우리나라는 망망대해를 바라보고 있다. 일본에서 대만으로 이어지는 열도와 툭 튀어나온 중국의 화중 지방은 태평양의 거친 파도를 막아 주는 방파제와 같고, 필리핀과 말

**■ 대한민국은 넛크래커?**

넛크래커(nutcracker)는 호두를 양면에서 눌러 까는 기계다. 미국의 컨설팅 기관인 부즈 앨런&해밀턴은 1997년 국제통화기금(IMF) 외환 위기가 일어나기 직전에 펴낸 《한국 보고서–21세기를 향한 한국 경제의 재도약》에서 한국의 어려운 경제적 상황을 넛크래커에 끼인 호두에 비유했다. 그러나 우리나라는 얼마 안 가 외환 위기를 극복해 냈다. 한국 경제가 다시 성장하면서 가격은 일본이나 선진국보다 낮고, 기술은 중국보다 앞서는 '역 넛크래커 현상'이 나타나고 있다.

레이반도 그리고 인도네시아는 멀찌감치 떨어져, 인도양의 거센 파도로부터 우리나라를 보호해 주고 있다. 천혜의 항구 조건이 그렇듯이, 풍수지리에서의 명당이 그렇듯이 한반도의 지리적 위치는 어머니 품처럼 아늑하기까지 하다. 오히려 변두리에 있는 러시아가 안쓰럽다. 한반도는 유라시아 대륙이라는 거대하고 단단한 디딤돌을 밟고 우뚝 서서 드넓은 태평양과 인도양을 향해 나아가려는 우리 민족 번영의 삶터이다. 이제는 발상의 전환이 필요하다.


## 지구는 둥글다

우리가 살고 있는 지구는 처음과 끝도 없고, 위와 아래도 없다. 15~16세기 유럽인들은 그들의 세계관을 바탕으로 세계지도를 만들었다. 당연히 유럽은 세계지도의 중심부나 높은 위쪽에 위치하고, 아프리카와 남아메리카는 그 주변이나 아래쪽에 위치하게 되었다. 그리고 자신들이 위치한 위도 60도 이상 지역을 확대한 도법을 사용했다. 자연스럽게 우리나라는 동쪽 끝머리(유럽인에 의해 극동極東이라고 불림)에 붙어 있게 되었고 실제 우리나라의 영토 크기보다 작게 그려졌다.

세계 여러 나라와 비교하며 우리나라가 갖고 있는 지리적 여건을 따지고 살펴보는 것은 중요하다. 그런데 그동안 우리는 미국 등 강대국이나 경제 선진국만을 중심에 놓고 비교하며 우리 스스로 한계를 만들어 왔다. 우리나라보다 영토, 자원 등 기초적 지리 여건이 좋지 않은 나라와도 비교해 보자. 그것은 우리 땅이 갖고 있는 지리적 여건을 다양한 관점에서 살펴보는 일이다.

## 작지만 강한 나라, 네덜란드!

네덜란드는 2002년 월드컵 팀의 거스 히딩크 감독 덕분에 우리에게 친숙한 나라가 되었다. 사실 네덜란드는 우리와 비슷한 점이 많다. 국토의 크기가 작고(남한 면적의 2/5, 국토의 1/3은 바다보다 낮은 땅), 인구도 적다(약 1600만 명). 변변한 자원도 없으며 토지는 척박한 황무지가 대부분이다. 그뿐 아니라 강대국인 프랑스, 독일, 바다 건너 영국의 틈에 끼어 있어 수많은 외침을 당했다. 우리나라보다 지리적 여건이 더 나쁘다고도 할 수 있을 것이다.

하지만 오늘날 네덜란드는 덩치만 작을 뿐, 경제력에 있어서는 미국에 필적할 만한 존재다. 지리 통계상으로 네덜란드를 보면 1인당 GDP는 4만 2천 달러이고(2007년), 기업하기 좋은 나라 순위 세계 1위다. 빈민율은 세계 최저며 세계 100대 기업 중 7개를 보유하고 있다(2007년 《포브스》 선정, 우리나라 1개). 이러한 네덜란드의 저력은 어디서 나왔을까?

첫째는 그 누구보다도 먼저 세계로 눈을 돌린 데에서 찾을 수 있다. 네덜란드인들은 영국보다 먼저 호주와 뉴질랜드를 발견했고, 16세기부터 북아메리카와 인도네시아에 진출했다. 또한 세계 최초의 국제무역 회사인 동인도회사와 서인도회사를 설립했다. 자연스럽게 네덜란드인들의 삶에도 개방성이 자리 잡게 되었다. 실제로 네덜란드는 세계에서 가장 인종차별이 없는 나라로 알려져 있으며, 외국인이 공무원이 되거나 총리가 되는 데에도 아무런 법적 제약이 없다. 제한적이기는 하지만 마약이 합법화되어 있고, 동성애자끼리의 결혼도 법적으로 문제가 없다. 네덜란드는 세계에서 가장 '열린' 나라인 것이다.

둘째는 지리적인 장점을 찾아 이를 극대화한 것이다. 네덜란드는 북해와 라인 강이 맞닿은 곳에 있으며, 세계 경제 강국인 영국, 독일, 프랑스와 국경을 마주하고 있다. 그리고 자동차로 5시간 거리 안에 유럽 인구의 절반 이상이 거주하고 있다. 육로로는 길어야 하루, 비행기로는 2시간 정도면 유럽의 주요 도시에 도착할 수 있는 교통의 요충지다.

네덜란드는 이러한 지리적인 장점을 최대한 활용하기 위해 물류 중심지 전략을 추구했고, 이 과정에서 한정된 자원을 집중적으로 투자했다. 먼저 유럽의 주요 강들이 합쳐지면서 흐르는 라인 강을 이용해 유럽 내륙으로 향하는 5000km 길이의 운하를 건설했다. 이 운하는 다뉴브 강 운하와 연계되어 유럽 내륙 곳곳으로 통한다. 그리고 로테르담에 대형 항구를 건설해서 유럽 대륙의 관문 기능을 담당하게 했다. 오늘날 로테르담 항구는 유럽 서안 항만 물동량의 절반을 처리하는 유럽 최대 항구로 성장했다. 또한 가까운 거리에 유럽 3

## TIP 뉴질랜드와 뉴욕의 기원

1642년 네덜란드의 항해사 아벨 타스만은 뉴질랜드의 서해안에 처음 도착했다. 그는 섬에 상륙하지는 않았지만, 새로 발견한 땅이 네덜란드의 해안 지방인 질랜드와 비슷하다고 생각하고 '뉴질랜드'란 이름을 붙였다. 아메리카에 상륙한 네덜란드인들은 허드슨 강가에 도시를 세우고 네덜란드 수도인 암스테르담의 이름을 따서 '뉴암스테르담'이라고 했다. 그러나 나중에 영국이 미국을 식민지화하면서 영국의 북부 도시 요크의 이름을 따 '뉴욕'이라고 바꾸었다.

대 공항 중 하나인 스키폴 공항이 있어 긴밀한 연관 관계를 맺고 있다. 도로와 철도도 북서부 유럽은 물론 동부 유럽까지 거미줄처럼 연결되어 있다. 네덜란드의 운송업자들은 유럽의 도로 운송 화물의 1/3을 담당하고 있다고 한다. 이러한 물류 인프라는 유럽을 찾은 기업이나 관광객들에게 매력적인 요소로 다가와 제조업과 서비스업의 활성화로 이어지고 있다.

유럽인 2명 중 1명은 로테르담을 통해 들어온 과일 주스를 마신다고 한다. 독일 기업이 만든 철강 제품을 캐나다로 수출할 때도 네덜란드 항구를 이용하고, 프랑스로 수입되는 미국 농산물 역시 네덜란드에서 짐을 푼다고 한다. 네덜란드는 명실상부한 유럽의 허브(hub) 국가다.

## 세계 최대 경제권으로 부상하는 동아시아

우리나라 주변에는 이름깨나 날리는 나라들이 많다. 일본은 세계 제 3위 경제 대국으로 세계 최고의 첨단 기술력을 갖고 있으며, 무역 흑자도 엄청난 나라다. 중국은 일본을 제치고 미국에 이은 세계 2위의 경제 규모를 자랑하고 있고, 구매력으로 평가한 GDP는 미국을 뛰어넘었다(2014년). 이미 미국이 잠재적 경쟁자로 중국을 꼽고 있다는 것은 공공연한 사실이다. 러시아는 브릭스(BRICs)<sup> </sup> 중 하나로 풍부한 천연자원, 넓은 영토, 많은 인구를 바탕으로 신흥 경제 대국으로 용틀임하고 있다. 특히 블라디보스토크와 나홋카에 경제특구를 설치해서 동북

● **브릭스**
최근 경제가 빠르게 성장하고 있는 브라질(Brazil), 러시아(Russia), 인도(India), 중국(China)을 일컫는 말로 네 나라 이름의 앞 글자를 따서 브릭스(BRICs)라고 한다.

■ **푸동 지구** 중국 상하이의 신개발지인 푸동 지구는 지난 10년 동안 놀라운 발전을 이루며 중국 경제의 선봉장 역할을 하고 있다. 이러한 푸동 지구의 활력은 양쯔 강 물길을 따라 거슬러 올라 중국 내륙으로 확산되어 중국 전체의 경제 성장을 견인할 것이다.

아시아와의 협력을 강화하고 있다. 북한도 최근 경제개발특구를 추가 지정하고 교역을 확대하는 등 경제개방에 힘을 기울이고 있다.

동북아시아 경제권은 지하자원, 노동력, 기술, 자본을 골고루 갖추고 있어 경제 통합의 이점이 다른 지역보다 훨씬 크다. 따라서 각국의 비교 우위를 통해 조화를 이룬다면 동북아시아는 세계 최대의 경제권이 될 것이다. 세계 경제에서 차지하는 비중이 2010년에는 30% 이상으로 확대될 것이란 전망도 나오고 있다. 동북아시아 경제권은 북아메리카 자유무역협정(NAFTA), 유럽연합(EU)을 넘어 세계 최대 규모가 될 충분한 잠재력을 가지고 있다.

# 지리적 상상력을 통한 국토의 재발견

동북아시아 경제권 중심에 우리 대한민국이 자리를 잡고 있다. 서울에서 비행 거리 3.5시간 이내에 인구 100만 명 이상되는 도시가 50여 개나 위치해 있으며, 서울을 중심으로 반경 1200km 안에 일본, 중국, 러시아, 몽골 등 약 7억 명의 인구가 밀집해 있다. 이는 EU 인구의 1.5배 가까운 규모다.

동북아시아 지역의 경제가 활성화되고 교류가 증가할수록 유통량은 큰 폭으로 증가할 것이다. 그 때문에 동북아시아 각 나라들은 자기 나라의 도시들을 교류의 결절지로 만들기 위해 치열한 경쟁을 벌이고 있다.

그중 우리나라의 위치가 지리적으로 가장 이점이 많다. 우리나라는 태평양을 가로질러 아시아와 북아메리카를 연결하는 세계 주요 간선 항로(Main Trunk Route)에 위치하고 있어 일본의 남쪽 바다를 거치는 것보다 우리나라의 남해안을 거치는 길이 훨씬 빠르다.

중국은 항구 시설 면에서 아직 부족하며, 지형적인 조건도 우리보다 불리하다. 중국은 동남쪽에 긴 해안선을 가지고 있지만, 비교적 단조롭고, 황허 강과 양쯔 강에서 흘러내린 토사 때문에 수심이 깊지 못하다. 특히 양쯔 강 이북에는 수심 14m 이상의 항만을 건설하기 어려워 대형 컨테이너선을 접안시키는 게 불가능하다고 한다. 따라서 중국의 수출 화물은 작은 배를 이용해서 우리나라나 일본으로 옮긴 다음 그곳에서 대형 컨테이너선으로 옮겨 실어야 한다. 수입의 경우도 마찬가지다.

최근 일본의 공업 분산 정책도 우리에게는 좋은 일이다. 일본은 태평양 연안의 과도한 공업 집중 문제를 해결하기 위해 동해 연안으로 분산 정책을 실시하고 있다. 이 지역에서의 수출입 화물은 큰 배가 접안하기 힘든 태평양 연안의 항구를 이용하는 것보다 부산항을 이용해 북미, 유럽으로 가는 것이 시간이나 비용 면에서 효율적이다.

러시아는 블라디보스토크를 제외하면 부동항을 구하기 어렵다. 이것은 역사적으로 진행된 러시아의 남하 정책으로 증명된 사실이다. 반면 우리나라는 유럽 – 아시아 – 북아메리카를 최단 거리로 연결하는 항로에 위치해 있고, 로테르담이나 상하이 항구들이 겪는 하천에 의한 토사 매립을 걱정하지 않아도 되는 천혜의 항구가 많다. 부산항, 광양항이 대표적인 곳이다. 그뿐 아니라 우리나라는 조선업, 선박 보유량, 해상 물동량, 선원 인력, 수산물 생산량 등에서 세계적인 수준에 올라 있는 등 세계 10위권의 해양력(sea power)을 가지고 있다.

바닷길뿐만 아니라 하늘길도 교류의 중심축 역할을 충분히 할 수 있다. 인천 국제공항은 동아시아와 북아메리카, 동아시아와 유럽을 연결하는 항공 노선의 최전방에 있고, 미국 동부와 유럽 주요 도시까지 중간 기착 없는 논스톱 비행이 가능하다. 여기에 북한과의 평화협정이 맺어지고 관계가 회복된다면 끊어진 철도를 이어 한반도 종단철도(TKR)를 완성하고, 이를 중국 횡단철도(TCR), 시베리아 횡단철도(TSR)와 연결해 '철의 실크로드'를 건설할 수 있다. 또한 아시아 32개국을 연결하는 아시안하이웨이가 완성되면 자동차를 타고 중국, 러시아를 거쳐 유럽까지 갈 수 있다. 그렇게 된다면 대한민국은 해양에서

■ 동북아시아 유통 흐름도

■ 동북아 5대 도시간 거리(각 도시에서 4개 도시로 가는 항공 거리 합산)

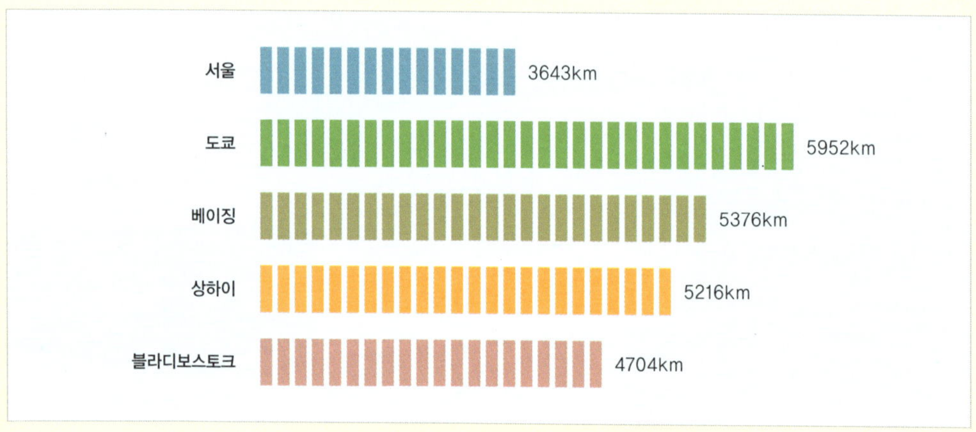

우리나라는 대양과 대륙을 연결하는 부분에 위치해 있고 동북아시아 주요 대도시와도 매우 가까워 동북아시아 경제권에서 핵심적 역할을 할 수 있다.

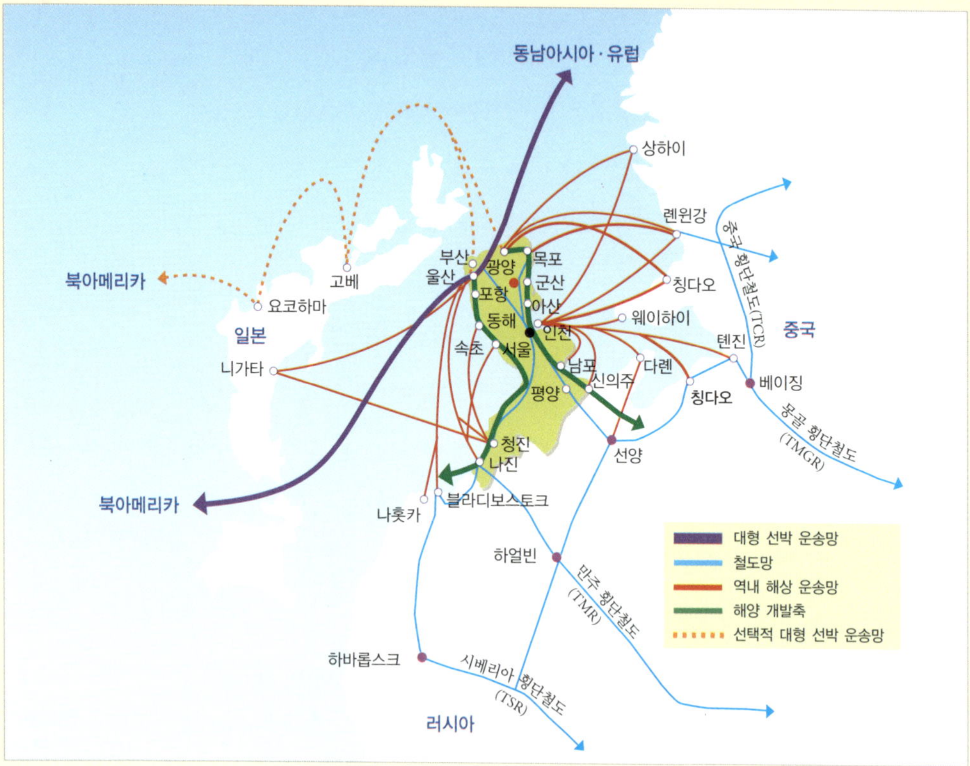

대륙으로, 대륙에서 해양으로 진출하는 관문 역할을 할 것이고 대륙과 해양의 이점을 한꺼번에 살릴 수 있는 기회의 땅이 될 것이다.

바닷길, 땅길, 하늘길 어느 쪽으로 보나 한반도는 동북아시아의 관문이다. 우리 삶의 터전인 우리 국토는 자전거 바퀴처럼 부챗살이 모여드는 중심축으로 세계 어느 나라와 견주어도 손색이 없는 아주 좋은 땅이다.

## 지리를 알면 우리의 미래가 보인다

진실을 밝히고 과거를 제대로 해석하는 것은 매우 중요하다. 그러나 수천 년 전 찬란했던 역사의 향수만으로 미래를 열 수는 없다. 지금 우리가 딛고 살아가는 우리 땅을 국가적 시야를 넘어 지구적 시야에서 여러 나라와 비교해 보아야 한다. 그렇게 우리 땅을 제대로 알고 이해해서, 단점은 보완하고 강점은 극대화해야 우리나라의 미래가 보인다.

바야흐로 세계 경제의 중심이 지중해를 지나 대서양을 넘고 태평양을 건너 동북아시아로 옮겨 오고 있다. 우리나라는 동북아시아의 중심이다. 지리적 상상력으로 국토가 지닌 지리적 강점을 재발견해야 한다.

세계는 평평한 면이 아니라 둥근 타원형이다. 시작도 끝도, 위도 아래도 없다. 우리 삶의 터전을 어떻게 이해하고 활용하느냐에 따라 우리의 미래 모습이 결정된다.

# 고추, 배 타고 한국 오다



고추나, 감자, 옥수수는 우리가 자주 먹고 흔히 접하는 농작물이다. 옛 모습을 다룬 드라마나 영화 속에도 등장하고 속담을 통해서도 만나 볼 수 있다. 하지만 이 농작물들이 우리나라에 들어온 지는 그리 오래되지 않았다. 가장 먼저 들어온 고추도 16세기 초에야 우리나라에 들어왔다. 이와 같이 많은 농작물들은 전 세계로 전파되면서 각 나라의 고유한 문화에 맞게 개량되기도 하고, 그곳만의 독특한 음식 문화를 만들어 내기도 한다.

# 김치의 색깔을 바꾸다

현재 우리나라 농민들에게 가장 중요한 농작물은 쌀이다. 그렇다면 두 번째로 중요한 것은 무엇일까? 아마도 대답하기 쉽지 않을 것이다. 답은 고추다.

고추는 농민들에게 쌀에 이어 두 번째로 많은 소득을 올려 주고 있다. 2004년 쌀의 생산액이 10조 원이었을 때 고추의 생산액이 1조 4천억 원이나 되었다. 우리나라 농가 대부분이 고추를 재배하고 있으며, 도시의 골목을 지나다가도 화분이나 뜰에 심어 놓은 고추를 흔하게 볼 수 있다.

우리 음식 생활에서 고추는 가장 기본적인 식재료로 사랑받고 있으며, 우리나라 사람들은 외국으로 여행할 때 고추장이나 김치를 가지고 나가는 경우가 많다. 붉은색의 김치는 우리나라를 상징하는 음식 중 하나다. 그래서 우리 조상들이 아주 오래전부터 고추를 먹은 것으로 잘못 알고 있는 사람이 많다. 인도와 동남아시아에도 우리처럼, 고추의 원산지가 자기 나라라고 생각하는 사람들이 많다. 그러나 우리나라와 인도, 동남아시아 등지에서 고추를 먹기 시작한 것은 16세기에 들어서다.

그렇다면 고추의 고향은 어디일까? 바로 라틴아메리카다. 고추는 오랫동안 라틴아메리카인들이 먹어 온 음식 가운데 하나로 라틴아메리카 고대국가의 유물 중에는 고추가 그려진 그릇들이 있다.

이 고추를 에스파냐와 포르투갈 사람들이 배에 실어 유럽으로 가지

**고추가 그려진 라틴아메리카 고대국가 유물** 오래전부터 고추가 매우 중요한 작물이었음을 알 수 있다.

고 갔다. 그것이 인도양을 거쳐 인도와 동남아시아로 왔고, 뒤이어 우리나라에까지 들어온 것이다. 이렇듯 고추의 재배 지역은 나뭇가지처럼 사방으로 뻗어 나갔다. 우리나라에 고추가 들어오기 전까지 김치는 소금물에 절이기만 해서 발효시킨 것으로 흰색이었다. 고추가 들어온 다음 비로소 김치는 붉은색으로 바뀌었고, 고추 특유의 붉은 색깔과 매운맛이 더욱 식욕을 돋우게 되었다. 영양 면에서는 비타민 C 등이 더 풍부해졌으며, 고추 속의 캡사이신 성분이 채소가 시어 문드러지는 것을 막아 음식을 더욱 오랫동안 보관할 수 있게 되었다. 수백 년 사이에 김치는 우리 삶에 더욱 중요한 음식이 되었고, 나아가 우리 음식 문화의 상징이 되었다.

그 밖에도 한국 사람들은 고추를 다양하게 활용해 새로운 음식을 만들어 왔다. 고춧가루와 고추장을 만들고, 고추와 멸치를 섞어 조리해 고추멸치볶음을 만들었으며, 고추에 밀가루를 묻혀서 쪄 먹기도 한다. 고춧잎을 데쳐서 먹기도 하고, 고추를 그대로 고추장이나 된장에 찍어 먹는 경우도 많다.

이처럼 지역과 시대에 따라 고춧가루, 고추장, 고추를 이용해 수많은 종류의 새로운 요리가 발명되었고, 최근에는 고추 축제까지 열리고 있다. 라틴아메리카에서 태어나 전 세계로 퍼진 고추가 한국에서 그 날개를 활짝 편 것이다.

# 아메리카 원주민들이 신으로 섬긴 농작물

현재 지구 상에서 가장 많이 생산되는 농작물 세 가지를 꼽으라고 하면 무엇을 들 수 있을까? 쌀과 밀, 두 가지는 누구나 알 것이다. 그럼 나머지 하나는 무엇일까? 바로 옥수수다.

세계 농작물 생산량을 보면, 쌀과 밀은 각각 5억 톤과 6억 톤 정도며, 옥수수는 7억 톤 가까이 된다(2006, 통계청). 생산량으로 보면 옥수수는 세계에서 가장 중요한 농작물이다. 더구나 최근에는 옥수수를 이용해 만든 에탄올이 대체에너지의 원료로 각광받으면서 세계 각지에서 그 재배 면적이 증가하고 있다. 현재 세계에서 옥수수를 가장 많이 생산하는 나라는 미국과 중국이다.

옥수수의 원산지도 아메리카다. 옥수수는 일찍부터 아메리카 원주민들에게 중요한 농작물로 여겨져 신성시되었다. 신화와 전설의 중요한 소재가 되기도 해서 중앙아메리카 마야 신화에는 신이 옥수수를 가지고 사람을 만들었다는 신화가 전해 내려온다.

옥수수 재배의 가장 큰 장점은 적은 일손으로도 많은 수확을 얻을 수 있다는 것이다. 옥수수는 1년에 50일 정도만 일하고도 수확물을 얻을 수 있으며, 토지와 기후가 좋으면 1알을 심어 500알 이상을 거둘 수도 있다. 이러한 옥수수의 장점은 아메리카 지역 원주민들을 농업 노동으로부터 비교적 자유롭게 해 주었으며, 많은 인구를 부양하게 해 주었다. 이 때문에 타완틴수요(잉카) 문명과 아스테카 문명을 비롯한 수많은 아메리카 문명이 유지될 수 있었고, 그 과정에서 많은 인력이

동원된 거대한 구조물들을 만들어 냈다.

아메리카 원주민들은 옥수수로 죽을 만들어 먹었다. 끓인 옥수수에 꿀이나 고추를 넣어 채소, 고기, 생선 등과 함께 먹었다. 또 옥수수를 가루로 만들어 케이크를 만들어 먹기도 했다. 팝콘은 아메리카 원주민인 이로쿼이 족이 개발한 음식이다. 그릇에 모래를 넣어 뜨겁게 달군 후에 옥수수를 넣고 서서히 가열하면 팝콘이 되는 것이다. 오늘날 페루의 거리 곳곳에서는 팝콘을 사고파는 광경을 쉽게 볼 수 있다.

# 가난한 사람들에게 주어진 귀중한 선물

남아메리카 원주민 사회에서는 감자도 옥수수만큼 중요한 식량 작물이었다. 원산지인 안데스 산지에는 다양한 종류의 감자가 자라고 있었는데, 16세기 후반 에스파냐인들에 의해 유럽으로 건너갔다.

그러나 감자가 유럽인들의 주요 식량으로 자리 잡기까지는 많은 시간이 걸렸다. 남아메리카가 원산지여서 도입 초기에는 '노예들이나 먹는 비천한 음식'이라는 선입견이 있었고, 조리법이 제대로 개발되지 않아 그 맛이 제대로 알려지지 않았다. 게다가 감자를 먹으면 나병에 걸린다는 소문까지 돌았다.

그러던 중 프랑스의 루이 16세가 궁전에서 감자 농사를 지은 것을 계기로 조금씩 알려지기 시작했고, 18세기 유럽에 흉년이 반복되면서 유럽인들의 기근을 막아 주는 중요한 작물이 되었다. 감자는 재배 방법이 간단하고 단위면적당 수확량이 밀보다 훨씬 많다. 게다가 영양도 비교적 골고루 들어 있고, 냉장하지 않고도 오래 보존할 수 있다. 특히 유럽에서 가장 못사는 나라이던 아일랜드는 감자를 가장 먼저 받아들여 주식인 귀리가 흉작이었을 때, 그 위기를 이겨낼 수 있었다. 그러나 그 때문에 감자마름병이 퍼진 1845~46년에는 무려 100만 명이 굶어 죽는 아픔을 겪기도 했다.

1850년경에 지어진 조선의 백과사전 오주연문장전산고(五州衍文長箋散稿)에 의하면 우리나라에 감자가 처음 들어온 것은 1824~25년이라고 한다. 당시 탐관오리의 횡포에 시달려 산으로 들어가 살던 화전민들에게 아무 곳에서나 잘 자라는 감자는 요긴한 식량이 되었고, 일제의 수탈과 한국전쟁이 가져다준 궁핍함 속에서 못 가진 사람들의 생명을 이어 주는 역할도 했다.

18세기 극작가이자 비평가였던 루이 세바스티앙 메르시에는 감자를 두고 "인류의 자유와 행복에 가장 큰 영향을 미쳤고, 수없이 많은 가난한 사람들에게 귀중한 선물이 된 작물"이라고 했다.

## 문화의 전파와 문화의 다양성

앞에서 살펴보았듯이 지금 세계 곳곳에서 자라고 있는 농작물들도 원래는 특정 지역에서만 자라던 것이었다. 우리나라에 처음부터 벼와 밀

■ **아메리카에서 온 농작물**
우리나라 농촌에서 흔하게 볼 수 있는 옥수수, 고구마, 토마토, 호박, 고추 등은 모두 아메리카에서 온 농작물들이다.

■ **다양한 외국 음식점** 최근 들어 외국 음식을 파는 식당이 늘고 있다. 음식은 그 나라의 문화를 전파하는 역할을 하며, 우리나라의 음식 문화와 융합되기도 한다.

이 있었던 것이 아니며, 아메리카에도 벼와 밀이 없었다.

농작물은 다른 지역으로 전파되면서 그 지역에 알맞게 품종이 개량되기도 하고, 새로운 음식으로 개발되기도 한다. 고추를 이용한 우리나라의 수많은 음식이 그 좋은 예다.

김치를 비롯한 우리나라의 여러 음식이 세계 각국으로 수출되거나 소개되고 있다. 또 반대로 외국의 다양한 음식이 우리나라에 들어오고 있다. 어떤 것들은 퓨전 음식으로 우리나라의 음식 문화와 융합되기도 한다. 최근에는 베트남의 쌀국수 등 제3세계 음식도 들어오고 있다. 농작물이나 음식은 처음에 새롭게 개발하기가 어렵지, 한번 만들어지면 다른 나라로 전파되는 것은 매우 쉽다. 물론 이것은 그 종류와 각 수용 지역의 문화에 따라 다르게 나타난다. 요즘은 교통과 통신이 발달하면서 외국과의 문화 교류가 더욱 활발해지고 있기 때문에 문화의 전파 또한 매우 가속화되고 있다. 우리는 음식을 비롯한 우리 문화에 대해 자부심을 가질 필요가 있지만, 동시에 다른 나라의 문화에 대해서도 열린 마음으로 대할 필요가 있다.

# 커피, 세계를 마시다

먹을거리가 어떤 기원지에서 시작해 세계적으로 확산되기 위해서는 지리적 인접성, 음식물을 재배할 수 있는 자연조건의 적합성, 문화적으로 수용할 수 있는 가능성 등이 필요하다. 음식 문화는 그 지역의 기후, 지형 등 자연적 조건과 종교, 국민적 특징 등 문화적 조건까지 반영한다.

# 전 세계의 사랑을 받는 음료

한국인이 가장 많이 마시는 음료는 누가 뭐래도 커피다. 도시의 직장인들은 커피를 타는 일로 하루를 시작하며, 사람들이 많이 모이는 곳에는 어김없이 커피 자판기가 들어서 있다. 커피 사랑은 도시와 시골이 따로 없다. 주름 깊게 팬 농부의 점심 새참 후 나오는 후식 또한 따끈하고 향긋한 커피니, 어린이만 빼면 전 국민이 가장 즐겨 마시는 음료가 맞다.

어디 우리나라뿐이겠는가. 유명한 커피 체인점들은 전 세계에 수천 개의 매장을 두고 있고, 맛 좋은 커피를 파는 외국의 카페가 인터넷을 통해 소개되기도 한다. 심지어 최고의 커피를 만드는 국제 대회까지 있으니, 커피는 세계인의 사랑을 받는 음료라 할 수 있다.

■ **커피 자판기** 조금만 눈을 돌리면 커피 자판기를 쉽게 발견할 수 있다. 우리나라 자동판매기 5대 중 1대 이상이 커피 자판기다.

에티오피아가 원산지인 커피가 어떻게 해서 우리나라를 포함한 전 세계인들의 사랑을 받는 음료가 되었을까?

## 이슬람의 음료, 커피

'커피를 최초로 발견한 사람은 에티오피아 고원의 양 치는 목동, 우리가 커피를 받아들인 나라는 미국' 우리가 흔히 들어 왔던 사실이다. 그래서 '이슬람과 커피', 이 묶음은 커피에 대해 잘 알고 있는 사람이 아니면 떠올리기가 쉽지 않다. 하지만 커피가 음료로 널리 애용되고, 전 세계로 퍼지기 시작한 근원지가 바로 이슬람 문화권이었다.

■ 커피를 마시는 이슬람인들

에티오피아가 원산지였던 커피는 상인들을 통해 홍해를 건너 근처 서남아시아의 이슬람 문화권인 지금의 예멘으로 들어가게 된다. 커피가 이슬람의 음료가 된 것은 순전히 원산지인 에티오피아가 이슬람 문화권과 가까웠기 때문일 것이다.

각성 효과가 있는 커피는 깨어 있는 정신 상태에서 신을 만나고자 했던 이슬람 수피교도 승려들에게 인기가 있었다. 또한 알코올을 금하는 이슬람 문화권에서 커피는 술을

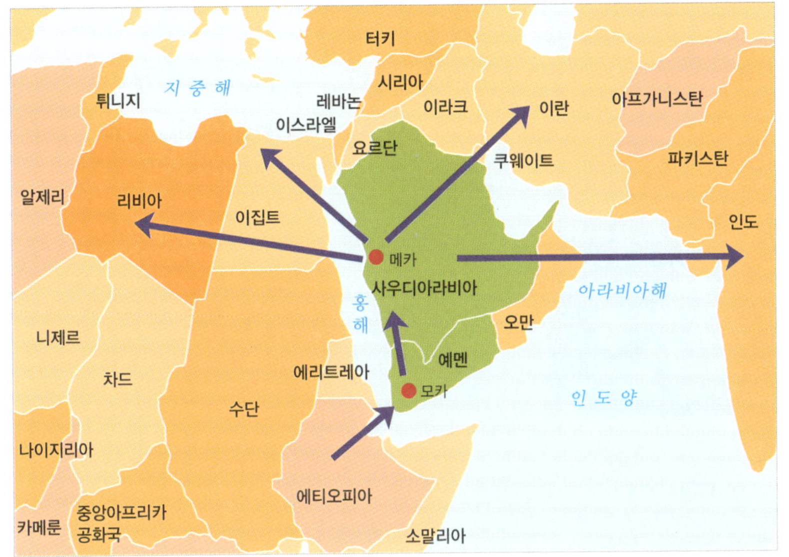




대신하는 음료로 자리 잡기 시작했다. 한때 커피의 중독성을 알게 된 보수적인 이슬람 신학자들이 커피를 내친 적도 있었지만, 많은 사람들은 이미 커피 맛에 중독되어 있었다. 커피가 병을 없애는 데 도움이 된다는 소문까지 퍼지면서 커피의 인기는 더욱 높아졌다. 멀리 인도나 인도네시아에서 성지순례를 온 이들까지 커피를 즐길 정도였다.

그러나 커피의 인기에 비해 생산되는 양은 너무 적었다. 커피의 씨앗이나 묘목의 반출이 금지된 당시 상황에서 상인들은 커피를 더 많이 공급할 수 있는 방법을 찾기 위해 골몰했고, 그렇게 해서 찾아낸 방법이 흔히 '로스팅(roasting)'이라 부르는, 커피를 볶는 것이었다.

커피 열매는 언제든지 땅에 심으면 커피 묘목이 될 수 있기에 외국으로 반출할 수 없었지만, 커피를 볶아 버리면 묘목이 될 가능성이 없

■ **커피나무와 커피열매**
껍질을 벗긴 흰색의 생두를
볶으면 검정색에 가까워진다.

어진다. 또 볶기 전에 과육을 제거하니 무게가 가벼워지고, 껍질도 썩지 않게 되는 1석 3조의 효과를 얻게 되었다. 이제 커피는 '로스팅'이란 날개를 달고 전 세계로 퍼져 나갈 수 있게 되었다. 커피 수출량은 점점 늘어났고, 커피를 수출하는 예멘의 항구 '모카'는 아예 '커피'라는 뜻으로 사용되었다.

## 와인을 누르다

이슬람의 커피는 유럽을 넘나들었던 오스만제국을 통해 유럽에 전해졌고, 기독교와 이슬람 사이에 벌어진 십자군 전쟁을 통해서도 유럽인들에게 알려졌다. 물론 기독교도의 적이었던 이슬람교도의 음료가 모든 유럽인들의 환영을 받았던 것은 아니다.

커피의 유행에 놀란 교회 지도자들은 교황을 찾아가 이교도들의 '검은 사탄의 음료'가 유통되는 것을 금지시켜 달라고 청원했다. 그러나 교황 클레멘트 8세는 커피가 가진 매력을 알고 있었다. 그는 커피가 "이교도만 즐기기에는 너무나 훌륭한 음료"라면서, 1605년에 커피에게 세례를 주었다. 박해받던 이교도의 음료 커피를 교황이 공식적으로 인정했으니, '커피 밀라노 칙령'이라 할 만하다. 커피는 기독교도들도 안전하게 먹을 수 있는, 신의 축복이라는 날개까지 달았으니 이제 훨훨 날 일만 남게 되었다. 커피가 기독교도들의 음료라 할 수 있는 와인을 누른 셈이다.

## 커피, 세계를 날다

이슬람 문화권에서만 즐기던 커피를 본격적으로 유럽에 들여온 이들은 이탈리아반도 베네치아의 상인들이었다. 그래서 요즘 커피 전문점에서 볼 수 있는 이름 모를 커피 이름들은 대부분 이탈리아 말에서 유래한 것들이다.



도피오(dopio) 이탈리아어로 2배(double)를 뜻한다. 에스프레소가 2배로 진하다는 의미다.

마키아토(macchiato) 이탈리아어로 '얼룩지다', '점을 찍는다(marking)' 라는 뜻이며 다갈색 에스프레소에 스팀 밀크로 흰 얼룩을 만든 것이다.

카페라테(cafelatte) 라테(latte)는 이탈리아어로 우유를 말한다. 우유를 넣어 부드러운 맛을 더한 커피를 말한다.

카푸치노(capucino) 프란체스코 수도회의 일파인 카푸친회에서 유래한 이름이다. 카푸친회의 수도사들은 삼각형 두건(이탈리아어로 카푸치오cappuccio)이 달린 밤색 수도복을 입고 다녔는데, 진한 에스프레소 커피 위에 흰 생크림을 뾰족하게 올린 모양이 이들 수도사들의 옷과 비슷하다고 해서 붙여졌다.

17세기 이전까지 유럽의 모든 커피는 예멘의 모카항에서 수입되었다. 서리가 내리는 유럽의 기후 환경에서는 커피가 자랄 수 없었기 때문이다. 하지만 커피의 인기가 갈수록 높아지고 커피로 돈을 버는 사람들이 많아지자, 유럽인들은 커피를 직접 생산할 수 있는 방법을 찾기 시작했다.

1690년 드디어 네덜란드인들이 온실에서 커피 묘목 재배에 성공했다. 그들은 이 커피 묘목을 식민지인 인도네시아의 자바와 수마트라, 남아메리카에 있는 네덜란드령 기아나에 심었다. 다른 나라들도 가만있지 않았다. 네덜란드의 뒤를 이어 프랑스는 프랑스령 기아나에, 영

국은 자메이카에 커피를 심었다. 서남아시아와 아프리카 일부 지역에서만 생산되던 커피가 유럽의 식민지를 통해 세계 곳곳에서 재배되기 시작한 것이다.

물론 커피가 어떤 자연환경에서든 잘 자라는 것은 아니다. 커피는 열대·아열대 기후에 건기와 우기가 있는 지역에서 잘 자라며, 특히 고원에서 자란 커피는 향이 좋다. 대부분의 커피는 적도를 기준으로 남·북위 25도 사이에서 재배되고 있으며, 이곳을 커피 벨트라고 한다.

## 커피의 대중적 확산

식민지의 공짜 땅에 공짜 노동력(?!)으로 커피를 대량생산하기 시작했으니, 커피의 가격이 어떻게 되었는지는 뻔한 일이다. 이전까지 유럽의 모든 커피는 예멘의 모카항에서만 수입되었으나, 이제 세계 여러 지역에서 커피를 생산하게 되면서 커피의 확산 속도는 더욱 빨라졌고, 모카항은 이름만 남게 되었다.

커피 이외에도 다양한 기호품이 식민지 땅에서 플랜테이션이라는 이름으로 대량생산되었는데, 그중 하나가 커피와 찰떡궁합인 설탕이었다. 대량생산으로 설탕 가격이 내려가면서 커피는 더더욱 많은 사람들의 사랑을 받는 음료가 될 수 있었다. 가격이 비싸 귀족이나 부자들만 마시던 커피를 일반 사람들도 부담 없이 마시게 되었으니, 설탕이 들어간 달콤하고 향긋한 커피 한 잔을 마시면 귀족이 된 듯한 느낌이

맛과 향이 전 세계 최고라고 평가되는 블루마운틴은 자메이카의 고지대 블루마운틴(2500m)에서 이름을 따왔다. 킬리만자로는 탄자니아의 킬리만자로 산록에서 생산되는 고급 커피다. 코스타리카 SHB는 코스타리카의 1200~1600m 고산지대에서 생산되는 커피로, 풍부한 향기를 가지고 있다. 하와이의 코나(Kona) 역시 4000m 이상의 높은 화산 산비탈에서 재배되는 고급종이다.

들었을지도 모르겠다.

커피가 널리 확산된 데에는 18세기 무렵 시작된 산업화와도 관련이 있다. 집을 떠나 직장에서 일하는 노동자가 점점 증가하면서 노동시간에 대한 통제도 강화되어, 예전처럼 한낮에 집에서 길게 점심을 먹는 일이 드물어졌다. 이런 변화한 환경에서 잠깐씩 쉬면서 설탕을 넣은 커피 한 잔을 마시는 시간(coffee break)은 힘든 노동을 잠시 잊게 해 주는 역할을 했다. 그전까지 유럽 노동자들은 힘든 노동을 럼주*나 맥주 등의 술을 마시면서 잊는 경우가 많았는데, 자본가들이 술에 취한 노동자보다 커피로 깨어 있는 노동자를 더 좋아했음은 당연한 일이었다. 식민지 노예의 고된 눈물로 생산된 커피가 유럽 노동자의 고된 노동을 잊게 하는 음료가 되었으니, 기막힌 커피의 역사다.



## 세계의 커피 하우스

어느새 커피는 세계인의 대중적인 음료가 되어 가고 있었다. 흥미롭게도 커피를 주로 마시는 장소는 집이 아닌, 커피 하우스였다. 커피는 고가의, 호사스러운 기호품이었기 때문에 개인이 소유하고 집에서 쉽게 마실 수 없었을 것이다. 그 때문에 커피는 원료를 대량으로 구입해 전문적으로 파는 커피 하우스에서 마시는 음료가 되었을 것이다. 그런데 이 커피 하우스도 지역과 시대에 따라 그 형태가 조금씩 달랐다.

## 이슬람의 커피 하우스

아라비아반도의 커피 하우스(카베 카네kaveh kane)는 15세기에 등장한 것으로 추정된다. 사람들은 이곳에서 이야기를 하고, 노래와 춤을 즐기고, 장기를 두었다. 이런 분위기는 정부에 대한 불만도 자유롭게 쏟아낼 수 있도록 만들어, 이후 정부에 의해 강제로 폐쇄되기도 했다.

지금의 이란 지역에 해당하는 페르시아의 커피 하우스는 아라비아반도에 비해 정치적 토론이 적었던 대신 다양한 문화 활동이 이루어졌다. 오스만제국의 콘스탄티노플(지금의 이스탄불)에도 커피 하우스가 있었다. 지식인들이 드나들면서 토론을 하는 장소였기 때문에 '지혜로운 곳'이라고도 불리었다. 처음에는 일을 하지 않고 한가로이 비싼 커피를 마실 수 있는 사람들이 여가나 문화를 즐기는 공간으로 이용했

19세기 터키의 커피 하우스

다. 하지만 이곳에서도 정치적 음모와 혁명 모의가 이루어져 술탄에
의해 강제 폐쇄당했다.

### 유럽의 커피 하우스

유럽 최초의 커피 하우스는 1645년, 커피를 가장 열심히 팔았던 베
네치아 상인들의 터전인 베네치아에 생겼다. 초기 손님들은 주로 미술
가였으나 점차 사상가, 정치가, 문학가들로 확대되었다. 그중 '플로리
안 카페'는 아직도 남아 있는 커피 하우스로 세계에서 가장 역사가 깊
고 가장 아름다운 커피 하우스로 꼽힌다. 유럽의 커피 하우스도 오스만

■ **플로리안 카페** 1720년에 문을 연 베네치아의 플로리안 카페에서 산 마르코 광장을 바라본 풍경. 괴테, 루소, 모네, 마네, 나폴레옹, 스탕달, 바그너, 니체 등 수많은 문학인, 예술인, 사상가들이 이곳을 즐겨 찾았다.

제국의 커피 하우스처럼 지혜의 공간이자 혁명을 꿈꾸는 공간이었다.

영국의 커피 하우스는 1650년, 대학 도시 옥스퍼드에서 처음 탄생해 대도시로 점차 퍼졌고, 런던에 생긴 커피 하우스들은 상업적 업무를 보는 곳으로 변해 갔다. 그 대표적인 곳이 현재 세계적인 보험 회사로 성장한 '로이즈(Lloyd's)' 커피 하우스다. 당시 영국은 전 세계 최고의 해상무역 국가였는데, 로이즈는 주로 해운업계 상인들이 커피를 마시며 정보를 얻는 장소였고, 그 규모가 점점 커져 해상 보험 전문 회사가 된 것이다.

프랑스의 커피 하우스는 엘리트들과 귀부인들의 사랑을 받는 장소였다. 또한 발자크, 볼테르, 빅토르 위고 등 유명한 사상가와 예술가들이 시간을 보내기도 했으며, 프랑스혁명 당시에는 혁명을 꿈꾸는 정치인들의 모임 장소가 되기도 했다.

오스트리아의 커피 하우스는 오스만제국과의 전쟁 이후에 생겼다. 커피가 적국의 음료라는 인식을 없애기 위해 원두커피 가루를 걸러내고 우유를 넣어 부드러운 맛을 냈는데, 이것이 크게 성공을 거두어 많은 사람들이 즐겨 마셨다. 오스트리아에서도 커피 하우스는 예술가들에게 사랑을 받는 장소였다. 특히 오스트리아의 수도 빈에서는 훌륭한 음악가가 많이 배출되었는데, 이 때문에 당시 성공을 원하는 많은 음악가들이 빈으로 모여들었다. 실제로 베토벤, 슈베르트 등 유명한 음악가들이 자주 드나들었는데, 그중 빈의 커피 문화를 사랑한 바흐는 〈커피 칸타타〉라는 작품을 만들기도 했다. 빈의 커피 하우스 중에는 음악가들의 이름을 붙인 곳이 아직도 많다.

커피 하우스는 단순히 커피를 마시는 곳이 아니었다. 커피를 마시며 여유롭게 개인적 시간을 갖는 공간으로, 여러 사람들과 정보를 나누고 토론을 하는 창조의 공간으로 그 기능이 더욱 확장되었다. 특히 예술가들에게 많은 사랑을 받음으로써 낭만적 공간의 상징이 되기도 했다.

## 지역마다 다른 커피 마시는 법

지역과 시대에 따라 커피 하우스의 역할이 조금씩 달랐던 것처럼 커피를 마시는 방법도 지역에 따라 조금씩 다르다. 이슬람 문화권 사람들은 달고 커피 맛이 진하며 걸쭉하고 크림이 없는 커피를 작은 잔에 담아 조금씩 마신다. 이를 터키식 커피라 한다. 고추, 허브 등 향신료를 첨가한 자극적 음식을 많이 먹는 터키인들에게는, 크림이 없고 진하면서도 단 커피가 혀끝에 남아 있는 강한 향신료의 맛을 마무리하는 데 좋았을 것이다.

앞에서도 보았듯이 오스트리아는 터키식 커피를 받아들이면서 커피 찌꺼기를 걸러 내고, 우유를 더 추가하는 방법으로 커피 마시는 법을 변형시켰다. 우리가 알고 있는, 크림을 얹은 비엔나 커피도 오스트리아식 커피의 일종이라 보면 된다. 부드러운 맛의 커피가 오스트리아에서 인기 있었던 이유는 변화된 커피 맛이 오스트리아의 음식과 어울렸기 때문이기도 했지만, 이교도의 커피를 그대로 마시는 것에 대한 거부감 때문이기도 했다.

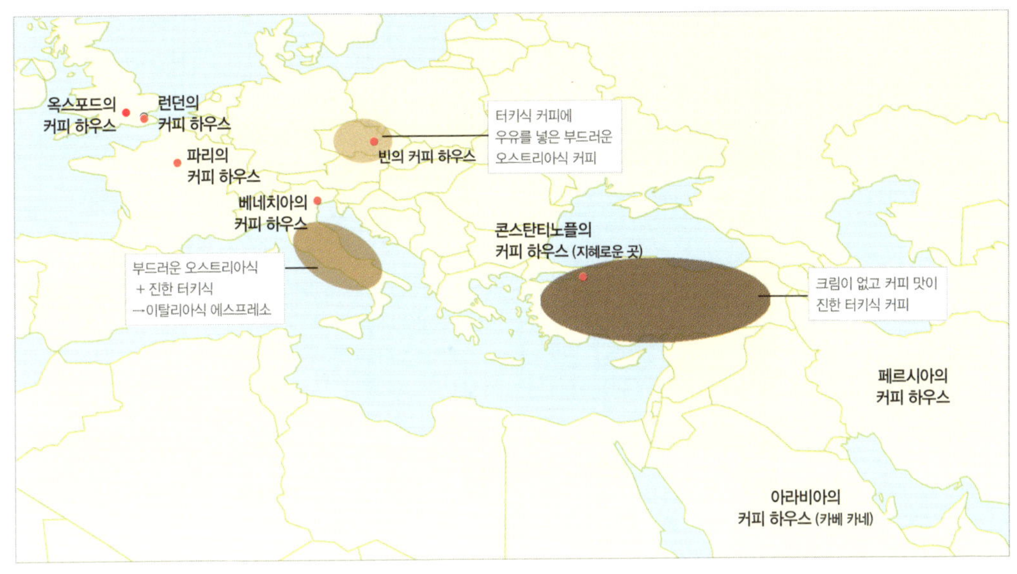



■ 세계의 커피 하우스와 커피 기호

두 문화의 중간에 위치한 이탈리아는 터키식 커피와 오스트리아식 커피의 점이지대가 되었다. 이탈리아인들은 터키의 진한 맛과 오스트리아의 부드러운 맛이 합쳐진 에스프레소를 즐겨 마신다. 일반적으로 유럽은 미국에 비해 커피를 진하게 마시는데, 대륙의 남쪽으로 내려올수록 더 진해진다. 대륙의 남쪽으로 올수록 음식의 부패를 막기 위한 자극적인 향신료를 사용하는 음식이 많기 때문일 것이다.

미국인들은 다른 지역에 비해 커피를 연하게 마시는데, 흔히 이를 아메리칸 스타일 커피 또는 아메리카노라고 한다. 미국은 유럽보다 향신료를 적게 사용하는데, 이런 음식 문화가 커피 농도에 영향을 미쳤을 것이다. 미국의 영향을 많이 받은 우리나라와 일본도 연한 커피를 즐긴다.

특히 우리나라는 아시아에서 일본 다음으로 커피 소비량이 많은 나라로, 국제커피협회 통계 자료에 따르면 2005년 한 사람당 1.75kg의 커피를 마셨다. 또한 '빨리 빨리'에 익숙해 있어서인지 인스턴트커피 소비가 원두커피 소비보다 많은 유일한 나라다. 그리고 원두커피라는 말이 따로 있으면서, 인스턴트커피를 그냥 '커피'라고 부르는 유일한 나라이니 이것도 참 재미있는 현상이다.



이슬람교도들의 명상을 돕는 음료에서 시작해 무역상들을 돈방석에 앉게 했고, 많은 노예들의 눈에서 눈물이 나게 했으며, 지식인과 예술가들에겐 토론과 여유를 선사하고, 산업 시대에는 노동자들의 각성제 역할을 했던 커피. 그 굽이굽이 사연을 가진 커피는 지금도 전 세계인의 사랑을 받으며 하루 25억 잔씩 소비되고 있다.

최근 들어 공정무역에 대한 관심이 부쩍 높아졌다. 공정무역은 1950년대부터 생긴 흐름으로 대기업으로부터 노동력을 착취당하는 제3세계 노동자들에게 공정한 대가를 지불하자는 취지로 생겨났다. 옥스팜과 같은 기구들을 중심으로 시작된 공정무역은 생산자에게서 직접 물건을 수입해 대기업의 유통망과는 다른, 비교적 단순한 유통 과정을 통해 소비자에게 물건을 전달한다.

커피의 경우 전 세계적으로 소비되고 있고, 대부분 제3세계 저개발 국가에서 생산되는 탓에 대기업들의 횡포에 노출되기 쉬운 구조를 가지고 있다. 실제로 2001~2002년 영국 소비자들이 우간다산 커피를 사면서 지불한 돈 가운데 커피를 생산한 농민의 몫은 0.5%에 불과했고, 나머지는 다국적기업이 대부분인 가공·판매업자와 중간상인들이 차지했다. 1990년대 중반 이후 커피 원두 생산량의 증가로 커피 가격이 폭락하고 많은 농민이 일자리를 잃었지만, 다국적기업들의 이익은 줄어들지 않았다.

이처럼 전 세계적인 기호품이면서 노동자 착취의 대표적 농산물이 된 커피는 역설적이게도 가장 빠르게 규모가 확대되고 있는 공정무역 상품이다. 아직은 전체 커피 교역량의 0.1%에 불과하지만, 매년 20~30%씩 그 규모가 늘고 있다.

공정무역으로 생산된 커피를 구매하는 것은 커피 노동자들에게 정당한 대가가 돌아가게 하는 것이다. 이로 인해 제3세계 어린이들을 일터가 아닌 학교로 보낼 수 있고, 노동자들은 더욱 안전한 환경에서 일할 수 있다. 또한 자연을 파괴하지 않는 친환경적인 농법으로 농산물을 생산할 수도 있다.

이처럼 공정무역은 노동자와 소비자, 지구 환경을 모두 살리는 운동이 되어, 축구공, 초콜릿, 설탕 등 여러 제품으로 확대되고 있다.

# 개고기와 말고기



**100년 전 조선 여행자들의 두 가지 시선**

급속한 사회 변화는 사회 구성원들의 정체성에 혼란을 줄 수 있다. 자신에게 익숙한 문화가 아닌, 다른 곳 다른 나라의 문화를 대할 때는 그 문화가 생길 수 있었던 배경에 대해 다양한 각도에서 이해하려는 노력이 필요하다. 한편 세계 여러 문화와 접촉이 많은 시대일수록 다른 문화에 대한 이해도 중요하지만, 자신의 생활공간에 누적되어 있는 문화와 그 뿌리, 정체성에 대한 폭넓은 이해가 필수적이다.

# 외국인이 본 조선 사람의 생김새

한국전쟁 이후 우리나라가 전 세계 사람들에게 알려지게 된 계기는 1988년 서울올림픽이다. 그때까지만 해도 대부분의 외국인들은 서울이 어디에 있는 도시인지 몰랐다. 그렇다면 약 100년 전에는 어땠을까? 그때는 우리나라의 존재조차 제대로 알고 있는 사람이 거의 없었을 것이다. 그러나 그 시절에도 조선을 방문한 서양인들이 있었다. 그들이 가진 조선 사람에 대한 인상은 어떤 것이었을까?

외국 여행을 해 본 한국인들은 "Are you Japanese?"라는 질문을 받아 보았을 것이다. 그럼 당장 기분이 나빠진다. 하지만 그렇게 말하는 외국인들 입장이 이해가 안 되는 것도 아니다. 우리만 해도 같은 아랍계인 이란 사람과 아프가니스탄 사람을 제대로 구분하지 못한다.

100년 전 여행기에 나타난 서양인들의 의견은 꽤 분석적이고 전문적이다. 개항기 즈음 조선으로 들어온 외국인들은 대부분 중국이나 일본을 여행한 경험이 있던 사람들이었고, 그 당시 유럽 내에서도 높은 수준의 교육을 받은 사람들이었기 때문에 가능한 일이었다. 육영공원● 교사였던 길모어 목사는 조선인의 체격이 중국인과 일본인의 중간인 것 같다고 하면서 얼굴은 북아시아 유목민, 즉 몽골 인종의 특징●이 두드러진다고 했다. 우리나라의 인종에 대해 처음으로 기록한 사람은 도굴꾼으로 알려져 있는 오페르트다.● 그는 당시 일반적으로 받아들여지고 있던 조선인이 중국인으로부터 갈라져 나왔다는 견해가 잘못되었다고 지적했다. 조선인은 중국인과는 다른 종족에서 기원하고 있

**■ 오페르트가 본 한국인**
오페르트는 한국인의 기원이 북아시아라고 생각했다.

**● 육영공원**
1886년 우리나라 최초로 설립된 근대식 공립 교육기관. 주로 양반집 아이들을 가르쳤다.

**●** 검고 곧은 머리카락, 황갈색 피부, 쌍꺼풀 없는 눈, 튀어나온 광대뼈 등이 있다.

**●** 독일 상인이던 오페르트는 1868년 140여 명의 도굴단을 구성해 흥선 대원군의 아버지인 남연군의 묘를 도굴하려고 했다. 묘가 단단해 도굴에 실패했고, 이 일을 계기로 대원군은 쇄국 정책을 더욱 강화했다.

으며, 북아시아 유목민의 특징을 가지고 있다고 했다. 간혹 유럽인처럼 보이는 사람들도 있는데 이들은 서남아시아 쪽에서 이동한 아리안족의 후예가 아닐까 하고 추측했다.

1886년 내한해 육영공원에서 외국어를 가르친 헐버트는 오페르트의 기록을 언급하면서도 오페르트와는 약간 다른 의견을 갖고 있었다. 그는 조선에는 몽골족과 말레이인을 닮은 두 종족이 있다고 했다. 한반도 남부 사람들은 남쪽에서 이주해 온 이들로, 한반도 북부 주민과는 다르다고 추측한 것이다.

조선의 인종이 중국과는 다른 북방 유목민족일 것이라는 것이 정설로 받아들여지고 있고, 단일민족에 대한 여러 이견(異見)이 있는 현재의 상황을 볼 때 조선 사람의 기원에 대한 그들의 의견은 비교적 정확했다고 할 수 있다.

■ **길모어의 의견** 조선은 중국과 일본의 인종적 점이지대.

■ **오페르트의 의견** 조선인이 중국인으로부터 갈라져 나왔다는 것은 잘못된 의견. 북아시아 유목민의 특징을 가지고 있음.

■ **헐버트의 의견** 조선인은 두 가지 형의 얼굴 모습을 보임. 한반도 북부 몽골족과 한반도 남쪽 말레이인이 각각 이주한 것으로 추측됨.

# 외국인이 본 조선 사람의 차림새

외국인들이 본 조선 사람의 겉모습 중 가장 인상적이었던 것은 흰옷 차림에 까만 갓을 쓰고 다니는 모습이었나 보다. 상상해 보자. 배를 타고 조선으로 들어가면서 보이는 조선 땅, 조선 사람들.● 멀리 보이던 흰옷을 입은 사람들이 점점 많아지면서 흰 무리를 이룬 모습을 보며 '와! 조선은 흰옷을 입은 사람들의 나라구나!' 하고 생각했을 것이다.

갓이 조선만의 특이한 모자라고 생각한 이들이 많았다. 그 당시 여자들의 외부 출입은 엄격히 통제되었기 때문에 외국인들이 길거리에서 주로 볼 수 있었던 사람들은 남자들이 대부분이었고, 스무 살이 되

● 오페르트처럼, 외국인들의 출입이 잦았던 항구가 아닌, 새로운 항로로 들어오는 경우 처음 보는 외국 배를 보기 위해 많은 조선 사람들이 구경 나왔다.

■ 흰옷을 입은 사람들
1910년경 우시장의 풍경이다. 당시 외국인들의 눈에 비친 조선은 흰옷을 입은 사람들의 나라였다.

기 전에 대부분 결혼을 했기 때문에 갓을 쓰고 다니는 사람들이 많았을 것이다. 여자가 아닌 남자들이 챙이 넓은 모자(그것도 거의 투명해 보이는)를 쓰고 다니는 것이 서양인의 눈에는 재미있게 보였던 것 같다. 갓 속에 있는 상투 역시 새롭게 보였다. 그래서인지 언더우드 여사의 책 제목은 아예 '상투의 나라'였다. 길게 땋아 늘어뜨린 총각들의 머리도 여자들만 머리를 길렀던 유럽인의 눈에는 재미있는 모습이었다. 뒤에서 보면 그 사람이 남자인지 여자인지 분간하기 어렵다고 했다.

## 외국인의 관심을 끈 독특한 생활 문화

입식 생활에 익숙한 서양인들은 딱딱한 바닥에서 생활하는 조선인의 주거 생활도 낯설었을 것이다. 마치 사람을 굽는 것 같은 온돌에 대해 관심을 가진 이들이 많았다. 온돌은 전 세계에서 유례를 찾기 힘든 것으로 서양인들에게 아주 낯선 난방 방식이었다.



선교사로 와서 광혜원●을 창립한 알렌은 "농부나 일꾼들이 사는 집이 비록 누추하다 하더라도 작은 침실이 딸려 있는데, 진한 갈색의 유지가 발라져 있는 구들과 시멘트 방바닥은 밥 지을 때 지피는 불 때문에 항상 따뜻하다."[01]고 하면서 조선인들이 일본인, 중국인보다 더 편하고 따뜻하게 산다고 했다. 온돌은 조선 사람들의 생활에 여름 기후보다 겨울 기후의 특징이 더 크게 영향을 끼쳤기 때문에 발달한 난방 방식이다. 당시 기록 중에는 조선의 산이 황폐하다고 하는 글들이 꽤 있었는데, 온돌 구조로 되어 있는 조선의 난방 방식이 적잖은 영향을 끼쳤을 것이다.

조선의 풍습 가운데 독특한 것 중 하나가 장례식에서의 곡소리였다. 서양인들은 느닷없는 통곡 소리에 상당히 놀랐으나, 그 통곡 소리가 진심에서 우러나온다는 것을 깨달은 사람도 있었다. 이 곡소리의 전통은 천주교의 연도•에도 남아 있다. 조선 시대 유교 철학의 '효'가 가장 가시적으로 관습화된 것이 장례 풍습일 것이다.

근대화되지 않은 낙후성에 대한 이야기들도 많이 있었다. 서양인들이 아이들을 유괴한 뒤 죽이고 그 눈알을 사진기 만드는 데 쓴다는 소문, 기차 시간이 양반과 평민을 가리지 않고 제시간에 떠나는 것을 이



■ 약 110년 전 남산 주변

해할 수 없었던 어떤 양반이 아침에 떠나는 기차에게 좀 늦겠다고 연락을 했다는 이야기, 목침 베는 것에 익숙한 일반 백성이 더운 여름에 철로를 베개 삼아 그 위에서 자다가 봉변을 당했다는 등의 이야기가 그런 것들이었다. 아마 백인 사회에서도 기계 문명이 널리 확산되기 전에는 흔히 나타났던 현상이었을 것이다.

조선인의 기질에 대해서는 개인의 경험마다 차이가 커서, 근면하고 정직하고 도덕적이며 인정이 많은 민족이라고 한 의견에서부터 게으르고 약삭빠르며 외국인에게 무례하다는 정반대의 의견까지 다양했다. 개인의 경험으로 한 나라의 국민성을 논한다는 것이 무리가 있고, 나라마다 일반화시킬 수 있는 국민성이 있는지, 있다면 어떤 기준으로 단정 지을 수 있는지에 대한 여러 논의가 있을 수 있겠지만, 그 사회 집단 구성원들이 왜 그런 기질을 가지게 되었는지를 유추해 보는 것도 의미 있는 일일 것이다.

## 낯선 조선을 바라보는 상반된 시선

개항기 조선을 방문했던 서양인들은 기독교를 전파하기 위한 선교사, 무역을 하고자 했던 무역상, 자국의 조선 침략을 위한 지리적 자료와 정보 수집을 위해 파견된 학자, 격변하는 동아시아 외교를 분석하기 위한 기자 등이 대부분이었다. 문명화된 서양인의 입장에서 개항기 조선 사람들이 얼마나 낙후되어 보였을까는 쉽게 상상이 간다. 그들의 여행기 곳곳에 조선이 불결하고 야만적이라고 생각한 것이 잘 드러나 있다.

> 헝클어진 머리카락이 목둘레에 흩어져 있었고, 얼굴은 굶주리고 더러운 인상을 주었다.[02]

> 거리의 도랑에 쓰레기가 썩고 있으며, 더울 때는 도시들이 악취에 싸여 있고, 이질, 콜레라, 발진티푸스, 장티푸스가 만연하다.[03]

아마 같은 땅에 사는 지금 우리의 눈으로 봐도 100년 전 조선의 모습은 더럽고 불결했을 것이다. 문제는 이런 사실을 기술했다는 것이 아니라, 그 이면에 들어 있는 우월감이다. 그 당시 많은 서양인들은 자신들의 문명이 동양보다 훨씬 앞서 있다고 생각했고, 동양의 문명이 발달한 적이 있었다면, 그것은 과거에 불과하다고 생각하는 '오리엔탈리즘'• 적 사고에 젖어 있었다.

우월한 서양인의 시선으로 조선을 바라본 이들과 달리 문화의 상대성을 이해하고 조선을 관찰한 이들도 있었다.

그중 한 사람이 헝가리인 베네데크다. 그는 헝가리 건국 민족인 마자르족이 한민족과 같은 혈족이라는 친근감을 가지고 조선을 대했다.

> 나는 가끔 외국 여행가들이 조선인에 대해 잘못 쓴 기록을 볼 때마다 웃음을 참을 수가 없었다. 그들에 의하면 조선인들은 흰옷을 입는데

그래서 더 쉽게 때가 타고 항상 더러우며, 더러워진 그 옷을 계속 입고 다닌다고 한다. …… 더군다나 나는 양잿물에 삶은 빨래를 머리에 이고 빨래터로 가는 아낙네들의 모습을 자주 보았다. 조선인들이 옷이 해질 때까지 빨지 않고 입고 다닌다는 이 소문이 만약 사실이라면 조선의 아낙네들은 개울가에서 대체 무엇을 빨았던 것일까? 매일 밤 또는 이른 아침에 20~30명의 아낙네들이 개울가에서 하얀 옷들을 빨고 있던 모습을 자주 목격한 나는 정말 실소를 금할 수가 없었다.[04]

이 부분은 그가 조선인의 생활을 유심히 관찰하면서, 그 당시 통념에 쉽게 젖지 않고 우리나라 문화를 평가했다는 것을 보여 준다.

또 그가 개고기를 먹어 보려 했던 경험도 재미있다.

애써서 개고기 한 점을 집어 입으로 가져가려고 하면 참을 수 없는 구역질이 나서 차마 입에 넣을 수가 없기 때문이다. …… 권하는 사람의 성의를 생각해서 먹는 척이라도 해야 할 텐데 말이다. 한국에서 개고기를 먹는 것처럼 옛날에 헝가리에서는 말고기를 먹곤 했다.[05]

베네데크의 글은 개고기에 관련해 한국인 비하 발언으로 논란이 되곤 하는 프랑스 여배우 브리짓 바르도에게 추천하고 싶기도 하다. 그는 조선 문화를 조선인의 입장에서 경험해 보려 시도했고, 경험한 것을 근거로 눈앞에 보이는 문화 현상을 분석하려고 했다.

비슷한 예로 알렌은 김치에 대해 언급하면서 "조선인에게 있어서 김치 냄새는 매우 좋은 냄새이지만, 림버거(특유의 향기를 가진 치즈) 냄새는 아주 질색이다."[06]고 하며 그 당시 서양인의 입장에선 김치가 적응하기 힘들었던 음식이었지만, 한국인의 입장에선 김치 냄새가 좋은 것이 당연하고, 자신들의 음식 문화도 다른 문화에선 적응하기 힘들 수 있다는 것을 이해했다.

또한 길모어는 당시 많은 서양인들이 비난했던, 조선의 쇄국정책에 대해서 조선인의 입장에서 이해하려고 노력했다. 그는 조선 쇄국의 원인이, 반복되는 왜구의 침략으로 많은 피해를 본 조선인이 왜구뿐 아

**보신탕 집** 한국의 보신탕 문화를 보며 야만적이라고 비난하는 외국인들이 많다. 문화적 다양성을 바라보는 시각이 100년 전 외국인 베네데크보다도 못한 것일까?

니라 다른 민족에 대해 품고 있었던 전반적인 두려움에 있다고 분석했다. 자라(왜구) 보고 놀란 가슴 솥뚜껑(서양인) 보고 놀란 격이 되었다는 것이다. 많은 외국인이 자신의 문화를 토대로 조선을 이해하려고 했던 반면, 베네데크, 알렌, 길모어는 조선인의 입장에서 조선의 정책이나 문화를 이해하려고 했다.

## 한국인, 불쾌하다

최근 우리나라에 사는 외국인 수가 점점 많아지고 있다. 그런데 그 외국인을 대하는 우리의 태도를 자세히 살펴보면, 마치 개항기에 조선을 방문한 많은 서양인들처럼, 못사는 나라의 외국인을 무시하는 마음이 깔려 있는 것 같다. 한국에 온 흑인이 무조건 자신은 미국 사람이라고 얘기한다는 것을 보면 잘 알 수 있다. 한국인들이 자신을 대할 때, 처음엔 겉모습만 보고 흑인이라고 무시하다가, 미국인이라고 하면 태도가 바뀐다는 것이다. 뜨끔할 수밖에 없는 얘기다.

이런 태도는 개발도상국을 여행하는 우리나라 사람들의 태도에서도 나타난다. 여행 중인 나라보다 우리나라가 잘사는 것을 믿고 오만방자하게 구는 것이다.

2004년 9월 캄보디아에서 있었던 일도 그런 경우다. 한국인 관광객이 술집에서 옆 손님들과 싸움이 붙었는데, 캄보디아 사람들을 향해 큰 소리로 욕을 하면서 행패를 부리고, 길거리로 뛰쳐나와 지나가는 차량의 통행을 막는 소동이 일어나 결국 경찰에 연행된 것이다. 또 몽골 여대생을 돈으로 매수하려고 한 경우나 중국과 베트남에서 지나가는 여자를 돈으로 매수하려고 한 경우도 같은 경우다. 아마도 그들이 간 곳이 미국이나 유럽이었다면 그런 행동을 하지 못했을 것이다. 조선을 미개한 나라라고 느끼던 외국인에게서 우리가 받았던 불쾌감을 다른 나라 사람들도 우리에게서 느꼈을 것이다.

여행을 다닐 때, 새로운 것을 통해서만 우리가 무엇을 얻는 것은 아니다. 이방인의 입장에선 새롭고 낯선 것에 눈이 더 가기도 하지만, 그들도 또한 우리와 같은 인간이라는 생각이 들 때도 있다. 이렇게 멀리 떨어져 있는 곳에서도 사람이 먹고사는 것은 별 차이가 없구나! 얼굴 가무잡잡한 저 동남아시아인도 우리와 똑같은 사람이구나! 하고 깨달을 때 다른 나라에 사는 사람에 대해서도 사랑하는 마음이 싹트고, 자신이 성장하는 것을 느낄 수 있다. 인간의 삶이 지역마다 문화마다 차이가 있다는 것을 깨닫고 동시에 같은 인간으로서 동질감과 애정을 느끼는 것, 그것이 여행의 가장 중요한 수확이 아닐까.

## 여행의 참의미



다른 문화에 대해 어떻게 느끼든 그건 순전히 개인의 몫이다. 이것이 아름다우므로 아름답게 느껴야 한다, 이 음식은 맛있으므로 맛있게 먹어야 한다, 같은 공식은 절대 없다. 우리가 무언가를 볼 때는 각자 쓰고 있는 안경을 통해 보게 된다. 사람마다 생각하고 느끼는 것이 다르기 때문이다. 하지만 그 문화의 이면을 분석해 볼 때 되도록이면 자기의 문화가 아닌 그 나라 문화의 잣대로 분석해야 할 것이다. 많은 나라를 여행하고 많은 문화에 대해 접해 본 사람들에게서는 다른 문화에 대한 넓은 포용이나 관용을 느낄 수 있다. 우리가 여행을 떠나는 것은 세상의 다양한 차이를 있는 그대로 인정하고 공부하기 위해서가 아닐까. 다른 것에 대해 포용적인 태도로, 그런 문화의 이면을 그 사람들 입장에서 생각해 보기도 하고 그 차이를 인정하는 것이 각기 다른 인간과 인간이 공존하며 함께 살아갈 수  있게 하는 힘이 된다.

　우리의 과거를 바라보는 우리 내부의 시각도 고민해 볼 여지가 많다. 빠른 근대화 과정을 거치면서 동양의 것은 열등하고 서양의 것이 우월하다는 서양인의 오리엔탈리즘적 시각을 그대로 우리 안에 이식

해서, 우리의 과거를 열등하고 부끄럽게만 생각하는 것은 아닌지 고민해 봐야 할 것이다. 어쩌면 우리 과거에 대한 우리의 인식이, 다방면으로 우리 문화를 해석하고자 했던 개항기 몇몇 서양인들보다 못할지도 모른다. 우리의 공간에 누적된 문화가 생기게 된 경로와 배경에 대한 폭넓은 이해와 우리의 정체성에 대한 깊은 성찰이 뒷받침되어야만 세계인의 다양한 문화 속에서 참된 가치를 얻을 수 있을 것이다.


01 H. N. 알렌, 신복룡 옮김, 《조선 견문기》 64쪽, 집문당, 1999.
02 L. H. 언더우드, 신복룡·최수근 옮김, 《상투의 나라》 25쪽, 집문당, 1999.
03 R. Malcolm Keir, 〈Modern Korea Part2〉 817~830쪽, 《Bulletin of the Ameriacn geographical society》 vol 46 no 11, 1914.
04 버라토시 벌로그 베네데크, 초머 모세 옮김, 《코리아, 조용한 아침의 나라》 50쪽, 집문당, 2005.
05 버라토시 벌로그 베네데크, 같은 책 50쪽.
06 H. N. 알렌, 앞의 책 113쪽.

# 만주 사람은 개 짖는 소리를 낸다고?



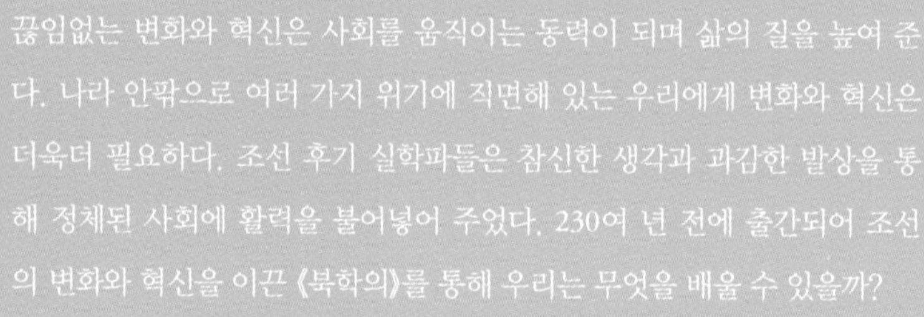

끊임없는 변화와 혁신은 사회를 움직이는 동력이 되며 삶의 질을 높여 준다. 나라 안팎으로 여러 가지 위기에 직면해 있는 우리에게 변화와 혁신은 더욱더 필요하다. 조선 후기 실학파들은 참신한 생각과 과감한 발상을 통해 정체된 사회에 활력을 불어넣어 주었다. 230여 년 전에 출간되어 조선의 변화와 혁신을 이끈 《북학의》를 통해 우리는 무엇을 배울 수 있을까?

# 아그파와 애플이 주는 교훈

변화와 혁신이란 시대의 흐름을 읽는 것이다. 138년 전통의 아그파 포토는 1889년 세계 최초로 흑백 필름을, 1936년에는 역시 세계 최초로 컬러 필름을 판매한 역사적 기업이었다. 코닥, 후지와 함께 세계 3대 필름 메이커였지만 경쟁 기업들이 필름 부문에 구조 조정을 단행하고 디지털 카메라 생산으로 돌아설 때, '디지털'이라는 시대의 새로운 흐름을 읽지 못하고 2005년 결국 파산 신청을 냈다.

20여 년 밖에 되지 않는 휴대폰의 역사에서 스마트폰의 출현은 말 그대로 세상을 스마트하게 바꾸어 놓았다. 스마트폰의 대명사는 바로 아이폰이다. 개인용 컴퓨터 회사에서 출발한 애플은 아이팟, 아이폰, 아이패드를 내놓으면서 혁신의 아이콘이 되었다. 특히 아이폰은 세련된 디자인, 사용하기 쉬운 인터페이스, 애플리케이션을 통한 무한한 확장성으로, 여타의 스마트폰과 차별화하며 수많은 아이폰 마니아들을 탄생시켰다. 아그파와 애플의 운명은 시대의 흐름을 어떻게 읽었느냐에 의해 결정되었다.

삶의 양식은 항상 변화해 왔고 지금도 급속히 변화하고 있다. 혁신이란 바람직한 모습, 새로운 방향으로의 변화를 의미한다. 변화와 혁신은 우리의 삶을 더욱 풍요롭게 한다. 이러한 변화와 혁신은 시간을 축으로 하지만 결국에는 공간에 반영된다. 그렇게 공간에 투영된 뒤, 새로운 환경을 만들어 간다.

■ **아그파 카메라 필름** 아날로그 시대의 강자로 군림했던 아그파. 현재 필름 부문은 다른 회사에 매각되어 소량 생산만 하고 있다.

■ **애플 아이폰** 아이폰은 스마트폰을 활성화시킨 주역이 되었고, 전 세계적인 히트 상품으로 자리 잡으며, 현대인들의 생활양식에도 커다란 영향을 주었다.

# 혁신 보고서 《북학의》

《북학의》는 청나라를 견학하고 쓴 일종의 혁신 보고서다. 저자인 박제가는 1778년 체제공의 수행원 자격으로 청나라를 방문했다. 그는 청나라 학자들을 만나 새로운 문물을 접하고 그것을 자신이 연구한 것과 비교했다. 그가 청나라에서 보고 들은 것들은 오랑캐의 것이 아닌 선진 문명이었다. 박제가는 3개월간의 여행을 통해 깨달은 문제의식을 《북학의》의 서문에서 이렇게 밝혔다.

> 지금 백성들의 삶은 날마다 곤궁해지고 있고, 재물은 날마다 궁핍해지고 있다. 이는 사대부들이 팔짱만 낀 채 해결하려 하지 않아서 그런 것인가, 아니면 아무것도 하지 않은 채 편안하게만 지내려는 타성에 젖어 모르고 있는 것인가.[01]

■ 《북학의》를 지은 박제가(왼쪽)와 《북학의》의 표지(서울대 규장각 소장)

박제가가 제기한 문제의 핵심은 바로 '조선은 왜 가난한가?'였다. 《북학의》의 내용은 조선이 가난한 이유와 이를 극복하기 위한 대안에 대한 것이었다. 그가 찾아낸 해답은 간단하다. 오랑캐 나라라는 편견을 버리고 당시의 선진국이었던 중국과 적극 통상하며 그들의 제도를 받아들이자는 것이다.

  과거든 현재든, 우리나라든 머나먼 타국이든 사람이 사는 기본 원리는 크게 다르지 않다. 다만 장소, 지역, 환경, 시간 등에 따라 다른 모습을 갖게 되는 것이다. 19세기 청과 조선은 달랐지만, 두 사회에 흐르고 있는 기본 원리를 파악하고 서로 다른 모습을 갖게 된 원인을 꼼꼼하게 살핀 박제가는 조선 사회에 적용할 수많은 혁신적 방안을 생각해 냈다. 마찬가지로 우리도 조선 시대 저서인 《북학의》를 통해 이 시대에 꼭 필요한 혁신적 생각의 단초를 마련할 수 있을 것이다.


## 교통·통신의 혁신

"농사란 사람의 창자고 수레는 혈맥이다."

박제가는 《북학의》에서 교통의 발달에 따른 유통의 중요성을 강조하고 수레를 나라의 혈맥에 비유하며 우리나라도 수레 만드는 법을 배워 나라의 혈맥을 통하게 해야 한다고 주장했다. 더불어 배로 물건을 실어 나르는 조운 교통 시설을 발달시켜 육상 교통과 수상 교통이 함께 발달해야 나라가 부유해질 수 있다고 주장했다. 기껏해야 말이나 가마가 주요 교통수단이었던 당시, 박제가는 산업의 기반이 교통이라는 것을 이미 알고 있었던 것이다.

  교통의 중요성은 현재도 마찬가지다. 그렇다면 200년이 훨씬 지난 오늘날 과거의 수레는 현재의 무엇과 비교할 수 있을까?

  지역 또는 한 국가가 발전하려면 끊임없이 인구와 물자, 정보가 움직이고 흘러야 한다. 도로, 철도, 항만, 공항과 같은 교통 인프라는 지역·국가 간에 사람과 물자를 연결하는 동맥과 같다. 제1차 국토종합개발계획(1971~1981)의 최대 성과가 경부고속도로를 비롯한 여러 고속도로의 건설이었던 것을 보면 알 수 있다. 현재 진행 중인 제4차 국토종합계획(2000~2020)의 주요 내용 역시 그림에서 보는 바와 같이 한반도가 보유한 동북아시아의 전략적 관문 기능을 살려, 중국과 일본 러시아까지 끌어안는 동북아시아의 교류 중심지로 발전하는 국토 골격을 지향하고 있다.

21세기 교통의 흐름은 한 나라를 넘어 세계적인 범위로 확대되어야 한다. 우리는 한국전쟁 이후 60년 가까이 대륙과의 육로 연결이 차단되어 있었다. 2000년 남북정상회담이 이뤄진 뒤에야 서로의 장벽을 뛰어넘을 수 있는 전기를 마련했다.

이제 복원된 경의선 철도를 바탕으로 한반도와 중앙아시아 및 유럽을 연결해야 한다. 한반도 종단철도와 중국 횡단철도, 시베리아 횡단철도, 만주 횡단철도, 몽골 횡단철도를 연결하면 한반도는 유라시아를 관통하는 노선의 출발점이자 도착점이 될 수 있다.

대륙을 횡단하는 철도가 연결되면 중앙아시아의 지하자원과 노동력을 우리의 자본, 기술과 결합시킬 수 있다. 또한 물류 운

■ 제4차 국토종합계획에서 지향하는 개방형 국토

송로를 확보해 현재 선박과 항공을 통한 우회 운송으로 소모되는 시간과 물류비를 절감할 수도 있다.

정보화 시대가 열리면서 교통만큼 중요해진 인프라는 통신이다. 이제 통신은 교통과 함께 사회를 지탱하는 두 가지 축이 되었다. 전 세계에서 생산되고 가공되는 지식과 정보는 국경을 초월해 쉬지 않고 통신망을 오간다. 특히 인터넷의 급속한 발달은 일상생활에 커다란 변화를 가져왔다. 옛날처럼 도서관에 가거나 시장에 나가지 않아도 원하는 정보를 얻고 물건을 구입할 수 있으며, 사무실에 나가지 않고도 언제 어디서든 일을 처리할 수 있는 세상이 되었다. 21세기 들어 우리나라의 IT 산업이 크게 발전할 수 있었던 것도 바로 초고속 인터넷 망 보급에 일찍부터 힘을 기울였기 때문이다.

통신은 교통수단이 미치지 못하는 곳까지 자유롭게 넘나든다. 우리

**■ 제주도 다음(DAUM) 본사**
유명한 인터넷 포털 회사 다음은 2004년 본사를 제주도로 옮겼다.

가 잘 알고 있는 인터넷 포털 회사인 다음(DAUM) 커뮤니케이션이 본사를 제주도로 옮긴 것이 바로 그 예이다. 이처럼 통신은 교통과 함께 국민의 삶의 질 향상과 국가경제 발전에 필수적인 요소가 되었다. 따라서 앞으로 차세대 이동통신 기술 같은 새로운 기술 개발에 힘쓰면서 통신의 사각지대가 없도록 관심을 기울여야 한다.

## 규격화

"상업을 위해 물건이나 물자의 규격과 모양을 표준화해야 한다."

박제가는 곡식을 세는 단위가 지방마다 다르면 교역을 할 때 싸움이 일어나게 되므로 자, 저울은 물론 문짝 하나라도 크기가 같아야 유통의 불편함이 없어지고 산업이 발달할 수 있다고 주장했다.

규격화는 역사 이래로 국가 정비를 위한 필수 사업이었다. 과거 중국 진시황제의 개혁에도 도량형의 통일이 있었으며, 우리의 갑오개혁에도 무게와 길이의 도량형을 통일한다는 내용이 포함되어 있었다. 그럼 현재는 어떨까?

교통·통신의 발달과 세계화로 현대사회의 시공간은 압축되었다. 자본, 물자, 사람, 정보의 활발한 교류가 시공간의 제약을 극복하면서 세계를 하나의 생활권으로 통합하고 있다. 산업화에 따른 공장제 대량 생산은 우리가 사용하고 있는 거의 모든 것을 이미 규격화했으며 이제는 규모 면에서도 국가적 통합이 아니라 세계적 통합이 이뤄지고 있다. 외국에서 거래되는 열대과일도 우리가 슈퍼마켓에서 국산 사과를 살 때와 마찬가지로 킬로그램(kg)이라는 단위로 거래되고 있다.

박제가가 제기한 규격화·표준화라는 큰 과제는 21세기에도 계속해서 진행 중이다. 정부는 2007년 7월부터 우리 주변에서 흔히 사용하고 있는 비법정 계량 단위인 평, 되, 돈, 근 등을 사용하면 50만원의 과태료를 물게 했다. 24평, 30평 하던 아파트의 평수는 이제 제곱미터(㎡)로 바꿔야 하고, 금 1돈, 2돈 역시 그램(g)으로 표시해야 한다.

우리 고유의 계량 단위가 없어지는 것이 아쉽기도 하지만, 인식의 틀을 조금 확대해 보면 이중 계량 단위 사용에 따른 불필요한 소모를 없애는 방안임을 알 수 있다.

표준화는 공간적 차원에서도 이뤄지고 있다. 유럽이나 다른 나라를 여행할 때, 우리는 도시 지도만으로 쉽게 가고자 하는 곳을 찾을 수 있다. 그러나 우리나라에서 주소만 가지고 목적지를 찾아간다는 것이 쉬운 일이 아니다. 현재의 주소 체계는 일제강점기부터 사용하기 시작한 것으로 그동안 각종 도시 개발 때문에 무질서하고 복잡해졌다. 이에 정부는 '도로명 주소 등 표기에 관한 법률'을 2007년 4월 5일부터 시행했다. 복잡해서 찾기 힘들었던 토지 지번제에 따른 주소를 유럽 등 다른 선진국과 같이 도로명 주소로 바꿨다. 이제 새로운 주소법으로 정확한 위치 기반 정보가 수립될 것이고, 물류 비용이 절감될 것이며,

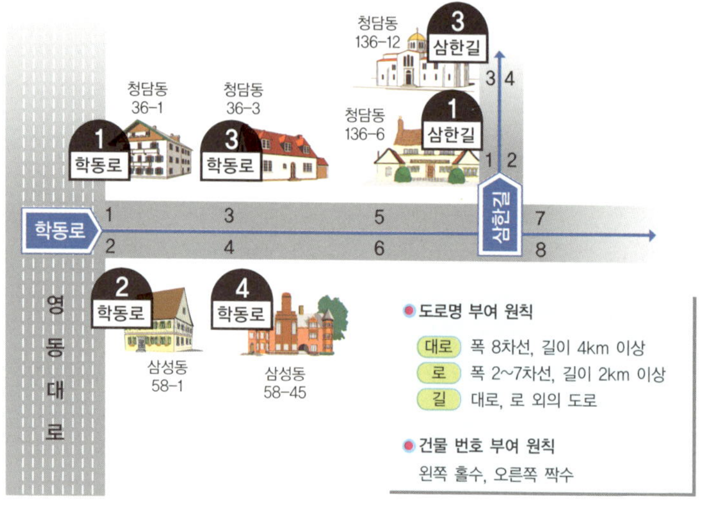


화재나 범죄 발생 등 위급한 상황에서 출동 시간이 단축될 것이다. 새롭게 변화될 도로명 주소는 세계화 추세에 따른 공간의 규격화라고 할 수 있다.

## 국제무역

"천년이 지나도 변하지 않는 물건을 반나절이면 없어지는 물건과 바꿔 버린다."

박제가는 땅이 좁고 가난한 나라에서는 백성들이 열심히 일하고 상공업을 발전시켜도 만족할 만한 성과를 거두기 어렵다면서 국가 간 무역과 유통의 활성화를 주장했다.

박제가는 《북학의》에서, 옛날 조선을 통해 중국의 면실을 사들이던 일본이 중국과 직접 교역을 시작한 일과 그들의 무역 상대국이 30여 개국에 이르는 것을 이야기하며 일본의 번성은 일본이 무역 상대국을 늘리고 활발히 무역을 한 결과라고 이야기한다. 우물 안 개구리의 부끄러움을 알고 기술과 풍속을 받아들여 사회를 발전시킬 이익을 얻으려면 중국뿐만 아니라 유럽을 비롯한 다른 여러 나라와도 통상을 해야 한다고 주장하고 있다.

또한 무역의 방법에서도 우리나라의 대중국 주요 수출품은 은이고 대중국 수입품은 약재와 비단임에 주목하고 있다. 즉 소모품인 약재, 비단을 수입하고, 유한성을 지닌 천연자원인 은을 수출하고 있는 것을 비판한 것이다.

중국 경제는 2001년 WTO 가입 이후 세계 2위의 경제 대국, 세계 1위의 무역 대국으로 비약적인 발전을 거두었고 이러한 발전의 최대 수혜국은 우리나라였다. 1992년 수교 이후 대중국 무역은 산업별 직간접 파급 효과까지 고려해 보면 우리나라 경제 성장에 크게 기여한 것이 분명하다. 그러나 최근 중국의 경제 발전은 우리에게 기회 요인보다는 위협 요인으로 작용하고 있다. 중국의 기술력이 빠르게 발전하면서 세계시장에서 우리나라와 경쟁하는 분야가 늘고 있기 때문이다.

우리는 자동차, 조선, IT, 전자, 반도체 등 현재 세계시장을 이끌어가는 분야에 대한 지원과 동시에 대체에너지, 생명공학 등 새로운 고부가가치 분야에 대한 투자에도 힘을 기울여야 한다.

한편 우리나라의 주요 무역 상대국을 살펴보면 중국, 미국, 일본 등

| 순위 | 국가명 | 수출 | 수입 | 교역 규모 |
|---|---|---|---|---|
| 1 | 중 국 | 81,985 | 63,028 | 145,013 |
| 2 | 미 국 | 45,766 | 37,219 | 82,985 |
| 3 | 일 본 | 26,370 | 56,250 | 82,620 |
| 4 | 사우디아라비아 | 4,026 | 21,164 | 25,190 |
| 5 | 독 일 | 11,543 | 13,534 | 25,077 |
| 6 | 대 만 | 13,027 | 9,967 | 22,994 |
| 7 | 홍 콩 | 18,654 | 2,142 | 20,796 |
| 8 | 싱가포르 | 11,949 | 6,860 | 18,809 |
| 9 | 호 주 | 4,691 | 13,232 | 17,923 |
| 10 | 아랍에미리트 | 3,705 | 12,656 | 16,361 |

(단위: 백만 달러)  한국무역협회(2007년)

몇몇 국가에 편중되어 있음을 알 수 있다. 무역 상대국이 편중되어 있기 때문에 그중 한두 나라의 상황에 따라 우리나라에는 커다란 경제적 타격이 생길 위험이 있다. 따라서 박제가가 일본을 예로 들어 지적했던 것과 마찬가지로 교역 대상을 다변화해야만 한다. 특히 식량과 에너지 자원의 경우 그 위험성은 다른 것과 비교도 못할 정도로 클 것이기 때문에 더욱 주의를 기울여야 한다. 수출 시장도 남아메리카, 아프리카, 서남아시아 지역의 비중을 더욱 확대해 안정적인 무역 구조를 만들어 나가야 한다.

## 현재 우리 모습은?

박제가가 북경에서 돌아와 그가 보고 들은 이야기를 전했을 때 당시 사람들은 그의 말을 믿으려 하지 않았다. 중국의 수레와 벽돌, 비단 이야기를 해도 만주 사람들은 말을 하면 개 짖는 소리가 난다는 옛이야기를 믿으며 무시했다고 한다. 박제가는 1781년에 작성한 《북학의에 대한 변론》에서 다음과 같이 이야기했다.

> 우리나라 사람들은 '오랑캐 호(胡)'라는 한 글자로 중국을 모두 싸잡아 뭉개 버리려 한다.
> 내가 "중국의 풍속이 이처럼 발전했다"고 하니 그들이 정작 듣고 싶었던 것과 크게 다르기 때문이다.[02]

우리도 지금, 당시 사람들의 모습은 아닐까? 지구 상에서 가장 인구가 많은 나라이자 세계질서를 움직이는 나라인 중국을, 그저 조악한 인형에 붙은 'made in China'의 China로 싸잡아 무시하고 있는 것은 아닐까? 중국뿐만이 아니다. 손으로 밥을 먹는다거나 길거리에 소가 지나가는 나라라며 우습게 여기던 인도는 세계적인 IT 산업 강국이며 우주 산업에서는 선진국 대열에 들어선 지 오래다. 경제 발전이 더딘 사회주의 나라라고만 알고 있는 쿠바는 어려운 경제 상황 속에서도 무상 의료·무상 교육 체계를 구축했으며, 유기농업 분야에서의 성과로 전 세계의 주목을 끌고 있다. 이렇게 편견을 벗고 조금만 눈을 넓히면 우리가 눈여겨보고, 배울 만한 것들이 많이 있다.

메사추세츠 공대(MIT) 노엄 촘스키 교수는 우리나라를 가리켜 지구 상에서 가장 바람직한 발전의 모델이라고 했다. 그는 우리나라를 일본

제국주의 식민 지배에서 벗어나 다른 나라에 종속되지 않고 독자적으로 경제 발전을 이룬 동시에 민주주의를 발전시켰으며, 첨단 기술을 잘 보급한 나라라고 평했다. 이런 나라 밖의 평가처럼 우리는 지금 현실을 제대로 인식하고 시대의 조류에 적절히 대응해 나가고 있는 것일까? 우리의 미래는 아그파의 파산 신청일까? 애플의 성공일까?

01 박제가, 박정주 옮김, 《북학의》 17쪽, 서해문집, 2003.
02 박제가, 같은 책 159쪽.

# 2장

## 차이를 존중하고 차별을 깨뜨리다

# 세계의 경찰, 그들의 정체



미국 자본의 약탈과 남아메리카의 저항

세계에서 가장 유명한 운하는 파나마운하일 것이다. 이 운하는 북아메리카와 남아메리카를 연결하는 지협에 건설되었다. 미국은 오랫동안 이 운하를 지배해 왔다. 미국은 이 운하 외에도 과거 쿠바의 사탕수수 농장, 칠레의 구리 광산 등 각종 자원 개발을 독점함으로써 많은 이익을 가져갔다. 반면 지역 주민들은 미국과 친미 정권의 독재와 폭력에 시달리며 힘겨운 삶을 살아왔다. 미국은 세계 각국에 군대를 파견한다. 세계 평화를 지키고 테러를 막기 위해서라고 하지만 실제로는 자원을 독점하고 특정 지역에서 전략적 위치를 확보하려는 미국의 패권주의에서 비롯된다.

# 파나마운하와 파나마 독립

1881년에 건설을 시작해 1904년에 완공된 파나마운하는 북아메리카와 남아메리카의 연결부로 바다 사이 육지가 가장 좁은 지협에 만들어졌다. 이런 지리적 요건 때문에 미국은 이 운하를 필요로 했는데 그 결정적 계기는 1898년 에스파냐와의 전쟁이었다. 미국 서부에 있던 함대가 전쟁이 벌어지던 쿠바까지 가기 위해서는 남아메리카 끝에 있는 마젤란해협으로 돌아가야 했기 때문이다. 미국은 지협에 운하를 만들기 위해 당시 이 지역의 주인이던 콜롬비아에게 운하 지역을 일정 기간 빌려 달라고 했다. 콜롬비아는 당연히 이 제안을 거부했다.

1903년 미국은 콜롬비아의 한 주였던 파나마에 군대를 파견해 파나마 분리주의자들을 통해 파나마가 콜롬비아에서 독립하도록 지원했다. 미국은 파나마가 독립하고 2주일 뒤 파나마와 조약을 체결해 운하 지역을 영구히 임대했다. 파나마운하는 1914년에 완공되었으며, 미국은 16km에 달하는 운하 주변 지역을 관리하고 사법권까지 갖는 독점적인 권리를 행사하기 시작했다.

파나마운하 임대를 계기로 미국의 광범위한 압력에 저항하는 파나마 사람들이 늘어 갔다. 1963년에는 학생 23명이 파나마운하 지

■ **파나마운하 위치** 파나마운하가 완공되기 전에는 미국 서부에서 쿠바까지 가려면 그림과 같이 많은 거리를 돌아가야 했다.

대에 파나마 국기를 게양하려다 미군과의 충돌로 사망한 일이 있었고, 1973년 토리호스 정권은 파나마운하 문제를 국제적으로 공론화시키려고 했다. 미국의 운하 지배 협조에 소극적이었던 노리에가 대통령은 마약 밀수 혐의로 1989년 미국 해병대에게 체포되었다. 그는 미국으로 끌려가 미국 법에 따라 재판을 받은 뒤 종신형을 선고받았다. 미국은 노리에가가 미국의 정책에 호의적이었을 때는 그를 지원했지만, 그의 이용 가치가 떨어지자 그를 권력에서 제거했다. 이러한 현상은 과연 파나마 한 나라에만 있었을까?

## 쿠바의 사탕수수와 쿠바혁명

미국의 제국주의 정책은 미국의 이해관계와 관련이 있다. 구체적으로는 해외 자원 수탈과 미국의 전략적 위치 확보 등이다. 사탕수수가 풍부했던 쿠바도 그 예 중 하나다.

식물은 기후에 따라 살 수 있는 지역이 각기 다른데, 특히 아열대 및 열대기후 지역에는 다른 기후대에서 볼 수 없는 농작물들이 많이 자란다. 그중 하나가 사탕수수다. 1950년대까지 쿠바의 가장 중요한 소득원이었던 사탕수수 농장과 설탕 공장은 대부분 미국인 자본가 소유였다. 1959년 쿠바 혁명을 통해 카스트로 정권이 들어서기 전까지 쿠바는 미국의 안마당과 같았다. 정작 나라의 주인인 쿠바의 농민 들은 미국인 소유 사탕수수 농장에서 일하는 일용직 노동자에 지나지 않았다.

　카스트로는 이 어려운 현실을 극복하기 위해 미국 소
유의 농장과 공장의 국유화를 주장했고, 체 게바라 등과
함께 힘을 모아 친미 바티스타 정권에 맞서 싸웠다. 결
국 그를 중심으로 한 쿠바의 민중 세력은 미국의 막대한
경제적·군사적 지원을 받는 기득권층과의 싸움에서 승
리했다.

　카스트로가 처음부터 공산주의자였던 것은 아니다. 오히려 그는 정
치적으로 삼권분립을 주장한 미국식 민주주의자였다. 그러나 경제적
으로는 그렇지 않았다. 그는 쿠바 민중의 빈곤과 참상을 극복하기 위
해 노력했고, 그것은 미국 거대 자본의 이익과 상충하는 것이었다. 미
국 정부는 이러한 쿠바를 압박하기 위해 쿠바로부터의 설탕 수입을 금
지했다. 쿠바는 생존을 위해, 설탕을 사 주겠다는 소련과 관계를 맺었
고, 그 결과 자연스럽게 공산주의 국가로 변모했다. 미국 정부는 지금
까지도 쿠바 정권(현재는 피델 카스트로의 동생 라울 카스트로가 통치)을
인정하지 않고 있다.

■ **피델 카스트로** 친미 정
권을 무너뜨리고 쿠바혁명을
완수한 카스트로는 미국의
암살 위협에 시달리면서 라
틴아메리카의 혁명을 적극
지지·지원했다.

## 칠레의 구리와 정권 교체

환태평양 신기 조산대에 속해 있는 칠레는 노천 구리 광산이 발달해
세계에서 구리 생산량이 가장 많은 나라다. 그러나 이 구리 광산 역시

■ **칠레의 구리 광산** 칠레에는 신기 조산대를 따라 구리가 많이 묻혀 있다.

대부분 미국인 자본가가 소유하고 있었으며, 제련 과정도 미국에서 이루어졌다. 칠레 국민은 가난한 노동자 생활을 면치 못했다.

친미 정권과 자본가들을 비롯한 기득권층의 이익은 늘어 갔지만, 일반 국민의 삶은 나아지지 않았다. 이에 노동자, 농민을 비롯한 수많은 칠레 민중과 사회단체, 야당이 힘을 모았고, 이들을 대표한 상원의원 출신 사회주의자 아옌데가 구리 광산의 국유화를 주장하며 대통령 선거에 나서 대통령에 당선되었다. 그는 칠레의 민족주의와 민주주의의 깃발을 들고 일어났고, 정권 유지와 기득권층의 이익만을 위해 일한 기존 정권에 신물을 느끼던 민중은 아옌데를 지지했다. 아옌데는 구리 광산을 비롯한 국가의 기간산업을 국유화했고, 노동자의 임금을 인상했으며, 농지개혁을 추진했다.

그러나 미국과 이전 친미 정권에서 이익을 챙기던 세력들은 칠레의 사회 변화를 가만히 보고만 있지 않았다. 미국은 칠레에 대한 자본 투자를 중단하도록 다른 나라들을 부추겼으며, 칠레산 구리를 국제 시장에 대량으로 내놓아 가격 폭락을 유도했다. 미국의 지원을 받은 일부 노조는 아옌데 정부에 반대하는 파업을 일으켰고, 이전 기득권층이 장악한 언론은 반(反)아옌데 여론을 만들어 갔다. 결국 미국의 지원을 받은 군부가 군사 쿠데타를 일으켰고, 칠레는 다시 피노체트가 이끄는 군사 독재 정권의 지배를 받게 되었다. 피노체트 정권은 아옌데 정권이 진행하던 사회 개혁을 모두 중단시켰으며, 미국식 자유주의 시장 정책을 펴 나갔다. 또한 국가 정책에 반대하는 이들을 가혹하게 탄압했다.

■ **칠레 정부 청사** 1973년 쿠데타 당시 아옌데를 살해하기 위해 쏜 총탄 자국이 아직도 남아 있다.

## 브라질의 철광석과 쿠데타

미국 패권주의의 또 다른 예는 브라질에서도 찾을 수 있다. 브라질은 세계적인 철광석 매장국이다. 1952년 미국은 전략적 가치를 지닌 철광석 등을 사회주의 나라에 수출하지 않는다는 내용의 협정을 브라질과 체결했다. 그러나 1953년과 1954년 브라질의 바르가스 대통령은 자국의 철광석을 훨씬 더 비싼 값으로 폴란드와 체코슬로바키아에 팔았다. 미국이 아닌 자국의 이익을 위해서였다. 그러나 이로 인해 브라질 대통령은 결국 자리에서 물러나야 했다.

브라질 미나스제라이스의 철광산은 세계 최대로 알려져 있다. 이 지역의 철은 현재 우리나라의 포항 제철소로 수입되어 온다. 이 철광산을 노리고 있던 미국의 허너사(社)는 브라질의 장관 등 주요 직위를 가진 사람을 자기 회사의 고문이나 중역에 앉혔다. 이들은 1961년 자신들의 부와 권력을 위해 미국의 다국적기업에 이 철광산을 팔아넘겼다. 이것은 브라질 법상 불법이었다. 그래서 브라질의 콰드로스 대통령은 이를 무효화하는 결정에 서명하고 광산을 국가로 회수했다. 그러나 4일 후 브라질의 친미적인 군 수뇌부는 쿠데타를 일으켜 콰드로스를 대통령 자리에서 쫓아냈다.

미국과 브라질의 정치 관계는 지하자원 외에 농산물과도 연결되어 있다. 브라질에서 생산되는 가장 중요한 농산물은 커피다. 그런데 20세기 후반 미국의 6개 회사가 브라질에서 수출하는 커피의 3분의 1 이상을 취급했다. 미국의 기업들은 브라질에서 커피를 싸게 사서 세계시장에 비싸게 내다 팔았다. 이를 통해 생긴 이익의 대부분은 이 독점기업들이 가져갔기 때문에 브라질 농민들은 가난에서 벗어날 수 없었다. 최근에는 베트남, 라오스 등 아시아에서도 대량으로 커피가 생

브라질의 커피 농장 이곳에서 나오는 이익의 많은 부분을 다국적기업이 차지한다.

산되면서 브라질의 커피 농장에서 일하는 농민들은 더 깊은 빈곤의 수렁에 빠지고 있다.

## 미군의 아시아 주둔과 전쟁

앞에서 보았듯이 20세기 중후반, 미국은 남아메리카에서 자신들의 패권을 유지하기 위해 직간접적인 영향력을 행사했다. 이런 사례는 한국, 필리핀, 베트남, 아프가니스탄, 이라크 등 아시아에서도 찾아볼 수 있다.

수백 년간 베트남을 지배해 온 프랑스 군대가 1954년 베트남 독립 운동 세력에 패한 뒤 자기 나라로 돌아가자, 미국은 그 빈자리의 남쪽인 남베트남에 자기 나라 군대를 들여보냈다. 소련과 중국 등 공산주의 국가를 견제하고, 동시에 공산주의의 확대를 막는 것이 그 목적이었다. 같은 시기 북베트남에는 사회주의 정부가 들어서 있었기 때문이다.

미국 정부는 북베트남을 공격할 명분을 만들기 위해 전 세계를 상대로 사기를 쳤다. 1964년 8월 2일 북베트남 어뢰정이 미국 해군의 구축함에 어뢰를 발사했다는, 일명 '통킹만 사건'을 조작한 것이다. 미국은 이 사건을 전하면서 북베트남에 전쟁을 선포했고, 곧바로 전쟁이 시작되었다. 그러나 2005년 뉴욕타임스의 보도를 통해 '통킹만 사건'이 거짓임이 밝혀졌다. 이것은 마치 1937년 일본이 중일전쟁을 일으키기 위해 베이징 부근에서 '루거우차오 사건'•을 조작한 것과 다를 바 없다. 하지만 미국도 프랑스와 마찬가지로 북베트남과의 전쟁에서 패배해 1975년 물러날 수밖에 없었다.

현재 미국 군대는 아프가니스탄과 이라크에 주둔하며 전쟁을 벌이고 있다. 과거 공산주의 팽창을 막겠다는 이유로 동남아시아의 베트남을 실질적으로 지배하려 했던 것처럼 이번에는 서남아시아의 테러 확산 방지를 명목으로 내세웠다. 미국은 이라크를 공격하기 전 이라크에 대량 살상 무기가 있다고 했으나, 유엔 무기 사찰단은 아무것도 찾지 못했다. 그럼에도 미국은 대량 살상 무기가 있다는 주장을 굽히지 않



● **루거우차오 사건**
만주를 점령한 뒤 중국과의 확전을 원하던 일본군이 자작극을 벌여 중국과 충돌한 사건. 1937년 7월 루거우차오(노구교盧溝橋) 부근에서 주둔 중이던 일본군은 총소리와 함께 군인 1명이 행방불명되자, 이를 중국 측의 소행으로 보고 다음날 포격을 가했다. 이 사건은 이후 중일전쟁으로 이어졌는데, 행방불명됐던 군인은 당시 용변 중이었던 것으로 전해진다.

고 전쟁을 일으켰다. 이번에도 미국 정부는 미국 국민과 세계 인류를 상대로 사기를 친 것이다.

많은 사람들은 미국이 이라크 정부를 무너뜨린 것은 이라크가 가지고 있는 풍부한 석유의 획득과 중앙아시아에서 서남아시아에 이르는 지역에 대한 미국의 영향력 확대, 중국 포위 등 미국의 실리 추구와 세계 패권 야망 때문이라고 보고 있다.


## 21세기 남아메리카의 변화

최근 남아메리카 곳곳에는 미국의 일방적 패권주의에 반발하는 정권들이 들어섰다. 그들은 미국의 영향력에서 벗어나 독자적 목소리를 내며 자본가, 기득권층보다는 노동자, 농민, 서민을 위한 정책을 펴고 있다. 1999년 들어선 베네수엘라의 차베스 정권이 그 대표적 예다. 미국은 베네수엘라의 친미 세력을 통해 차베스 정권을 무너뜨리려 했으나 실패하고 말았다. 미국의 저명한 극우파 목사 팻 로버슨은 텔레비전 방송에서 "비밀 요원을 시켜 차베스를 제거하라"는 말을 하기도 했다.

그러나 차베스는 이에 꿈쩍도 하지 않고 질병, 문맹, 영양 부족, 빈곤 등의 사회문제를 퇴치하기 위한 다양한 정책들을 뚝심 있게 진행하고 있다. 차베스는 미국의 외교 정책에 대해서 공개적인 비난을 서슴지 않았다. 2006년에는 유엔 총회에서 부시 전 미국 대통령을 '악마'라고 부르기도 했다. 또한 경제 위기에 빠진 볼리비아와 쿠바에게 자국의 석유를 싼값에 공급하는 등 미국의 패권주의에 대항하는 정책들을 펼치고 있다.

2005년 볼리비아에서는 신자유주의에 반대하는 모랄레스가 대통령에 당선됐다. 그는 "자연 자원을 약탈하고 차별과 치욕, 증오를 안겨준 끔찍한 시대를 바꿀 때가 됐다"며 "미국 제국주의의 손을 꺾기 위해 국민의 힘이 필요하다"고 역설했다.

볼리비아에는 천연가스가 풍부한데, 천연가스 회사는 미국, 영국, 에스파냐 등 외국 소유였다. 모랄레스 대통령은 천연가스 산업의 국유화를 단행하고 이전 정부가 미국 벡텔사(BECHTEL)에 팔아넘긴 상수도 사업도 다시 국유화했다. 베네수엘라와 볼리비아 이외에 칠레, 브라질, 에콰도르, 아르헨티나, 우루과이 등에도 미국의 일방 정책에 반대하는 정권이 들어서 있다.

이처럼 남아메리카에서 좌파 정권이 연달아 등장한 것은 1990년대 보수 정권들이 시도한 미국식 신자유주의 경제 정책이 실패했기 때문이다. 신자유주의하에서 기업가와 지주를 중심으로 하는 보수 세력과 기득권층은 더 많은 부를 축적했고, 그 결과 빈부의 차가 더욱 커졌다. 그래서 국민들이 소득 분배를 강조하는 좌파 정부를 선택한 것이다.

그럼에도 미국은 세계 각 지역으로 팽창하려는 정책을 계속하고 있다. 특히 세계화 시대가 되면서 그런 흐름이 더욱 강해졌다. 세계화 시대는 국경을 넘어 무한 경쟁이 가능하다. 국경이라는 장벽을 제거하는 핵심은 다국적 기업에 의한 해외 직접 투자로 생산 체제를 국제적으로 분업하는 것이다. 즉, 선진국은 고도의 서비스업과 첨단 산업에 치중

하고, 중진국은 부가가치가 이보다 낮은 중화학 공업에 힘쓴다. 한편 후진국은 섬유, 신발 등의 노동 집약적 산업에 중심을 둔다. 이와 같이 예전에는 한 나라 안에서 일어났던 분업이 교통과 통신이 발달하고 무역 장벽이 축소되어 국경 기능이 약해짐으로써 국제적 분업 체제, 즉 세계화 체제로 확대·강화되고 있는 것이다.

미국 정부와 의회는 자국의 기업들을 은밀하게, 때로는 노골적으로 지원한다. 심지어는 군사력을 동원하기도 한다. 이와 같은 미국의 이익 추구는 결국 제국주의로 치달을 수밖에 없으며, 필연적으로 세계 각국의 민중 세력과 충돌하게 된다.

남아메리카의 여러 나라들은 미국의 대 남아메리카 정책에 효과적으로 대응하기 위해 블록을 만드는 등 공동으로 협력하고 있다. 남아메리카의 12개 나라 지도자들은 2008년 브라질의 수도 브라질리아에 모여 EU를 모델로 하는 남아메리카국가연합(UNASUR)을 결성했다. 인구 4억 명, 국내총생산(GDP) 2조 달러 규모의 세계 3위권 경제 블록이다. 현재 세계적으로 에너지·식량 문제가 심각한 가운데 남아메리카는 에너지와 식량이 풍부한 편이어서 국제적으로 발언권을 행사할 수 있다. 중국의 최고 지도자들도 이 지역을 방문해 에너지와 식량과 관련된 협정을 맺은 바 있으며, 우리나라 기업들도 이 지역에서 석유와 천연가스 등 자원을 개발하고 있다.

포르투갈어를 쓰는 브라질과 네덜란드어를 쓰는 수리남을 제외하고 나머지 모든 국가는 에스파냐어를 쓰고 있다. 이런 문화적 동질성은 이 지역의 단결과 동맹 형성에 유리하게 작용할 수 있다. UNASUR

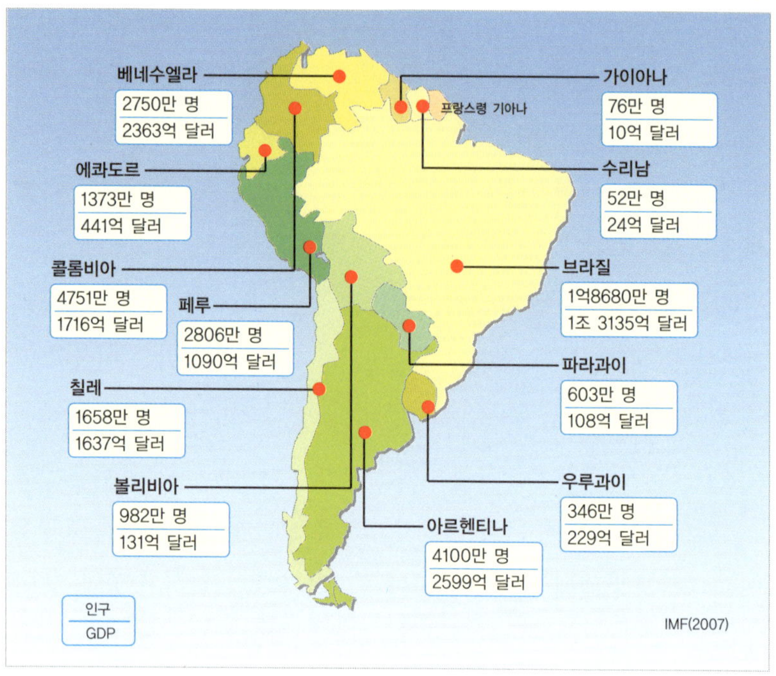

는 앞으로 에콰도르 수도 키토에 상설 사무국을 둘 예정이다. 정상 회담은 해마다, 외무장관 회담은 6개월마다 열린다. UNASUR는 2019년까지 역내 관세를 폐지한다는 목표를 갖고 있다. UNASUR가 뜨면서 남아메리카 의회, 남아메리카 은행, 남아메리카 안보협의회 등 역내 국가들이 참여하는 국제기구도 새롭게 만들어질 것으로 보인다. 2007년 12월 출범한 남아메리카 은행은 아르헨티나, 브라질, 볼리비아, 에콰도르, 파라과이, 우루과이, 베네수엘라 등 7개국 외에 여러 나라들이 참여할 것이다. 이것이 실현될 경우 UNASUR는 EU 수준의 결속력을 갖게 될 것이다.

우고 차베스 베네수엘라 대통령은 미국의 패권주의에 반대하는 남아메리카 지도자들 중에서 가장 대표적인 인물이다. 원래는 육군사관학교를 졸업한 군인으로 1992년에는 정권의 부정부패에 맞서 쿠데타를 일으켰다가 투옥되기도 했다. 석방된 후 좌파정당인 제5공화국운동(Fifth Republic Movement/MVR)을 창당하고, 1998년 대통령 선거에 나서 56%의 지지율로 당선되었다. 당시 베네수엘라 국민은 다수가 빈곤에 빠져 있었고, 석유 산업을 제외한 대부분의 산업이 낙후되어 있었다.

차베스는 대통령에 당선된 뒤 혁명적 정책들을 펴 나갔다. 무상 교육을 실시하고 빈곤층에 대한 주택·의료 혜택을 확대했다. 민간은행 대출의 10~15%를 서민에게 융자하도록 하고 비과세 범위를 축소하기도 했다. 또한 석유를 시작으로 통신, 전기 등의 기간산업들을 국유화했다. 이런 정책들은 기득권층의 반발을 샀고 2002년에 쿠데타가 일어났다. 그러나 차베스는 쿠데타에 반대하는 군부 일부와 국민들의 지지를 등에 업고 이틀 만에 대통령 자리에 복귀했다. 또한 차베스 반대파들이 주도하는 총파업으로 한때 위기를 겪기도 했으나, 재신임 국민투표를 제안한 뒤, 이 투표에서 절대적 지지를 얻음으로써 위기를 돌파해 냈다.

차베스 집권 후 베네수엘라의 빈곤층은 51%에서 28%로 줄었고, 주당 노동시간은 44시간에서 36시간으로 줄었다. 인구 1명당 사회복지 예산도 3배 이상 늘었다. 그러나 차베스의 앞날이 장밋빛인 것만은 아니다. 아직도 그의 정책에 반대하는 국민이 40%에 이르며, 그를 중심으로 만들어 가는 UNASUR를 미국이 그대로 놓아둘지도 미지수다. 또한 베네수엘라의 주 수입원인 석유 가격 하락이 지속되고 있고, 국민투표를 통해 대통령 연임 제한이 철폐된 뒤 그의 장기 집권을 우려하는 목소리도 적지 않다.

앞으로 베네수엘라와 차베스가 어떤 미래를 만들어 나갈지, 지금까지 이루어 온 개혁적인 성과들을 어떻게 계승해 나갈지 지구 반대편에 있는 우리도 큰 관심을 갖고 지켜볼 일이다.

# 남과 북 구별 말고 잘 낳아 잘 기르자

한 지역의 인구는 기후, 지형, 역사, 문화, 경제 등에 영향을 받는다. 그러면서 그 지역의 성격과 구조를 변화시키기도 한다. 따라서 어떤 지역을 이해하기 위해서는 기본적으로 그 지역의 인구에 대해 파악해야 하며, 사회의 미래를 조망할 때도 인구 상황과 정책에 대한 이해는 필수 조건이다.

# 인구, 사회를 변화시키는 역동적 인자

1966년, 당시 루마니아 대통령이던 차우셰스쿠는 피임과 낙태를 법으로 금지시켰다. 그는 '인력이 곧 국력'이라는 생각을 갖고 있었다. 이 법이 통과된 후 루마니아 사회는 커다란 변화가 일어났다. 1년 만에 출산율이 두 배 증가했고, 인구가 급속히 늘어나 의료, 경제, 교육 등 사회 각 영역에서 부작용이 발생했다. 이때 태어난 사람들은 이전 세대보다 훨씬 고통스런 생활을 할 수밖에 없었고, 이들은 1980년대 말 동구권 사회주의가 몰락할 당시 '차우셰스쿠 타도'에 앞장섰다.

루마니아의 사례는 한 시대의 인구정책이 시간이 경과하면서 그 사회에 커다란 영향을 미칠 수 있다는 것을 잘 보여 준다. 이처럼 인구는 지역을 구성하는 핵심적인 요소이면서 동시에 그것을 변화시키는 역동적인 인자다. 사회를 이해하는 열쇠인 '인구'를 통해 남북한 사회를 들여다보자.

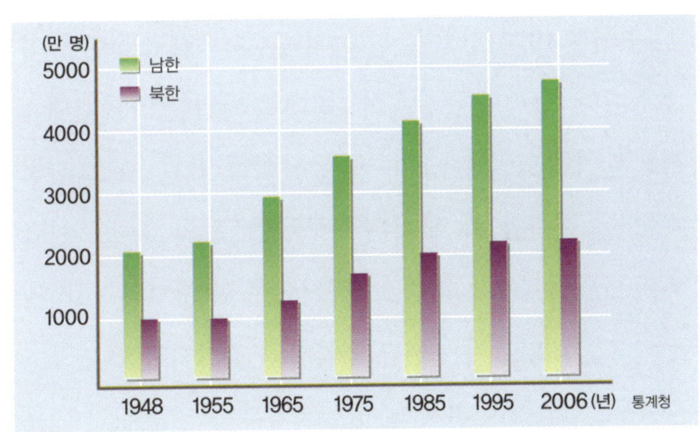



■ **남북한 인구 비교** 북한은 인구 관련 정보를 거의 공개하지 않는다. 따라서 정확한 북한의 인구를 알기는 어렵지만 대략 2300만 명이 넘는 것으로 추정하고 있다.

## '인구 폭발' 걱정하더니 어느새…

남한은 지금도 꾸준히 인구가 늘고 있지만, '저출산'이 국가적인 문제로 대두하고 있다. 임신이 가능한 15~49세 여성 1인당 출산율인 합계출산율이 2005년 1.08명, 2006년 1.13명으로 세계 최저 수준이기 때문이다. 이는 한 사회가 인구 구조를 유지하기 위해 필요한 대체출산율 2.1명에 턱없이 부족한 수치다.

과거에는 상황이 많이 달랐다. 여성 1인당 6명씩 자녀를 낳던 1960년대, 우리 사회는 보릿고개를 극복하기 위해 과도한 출산을 막느라 고심했다. 그러나 1960년대 말부터 강력하게 추진한 가족계획사업은 산업화·도시화와 맞물리면서 큰 효력을 발휘했고, 여성의 사회 참여와 사교육비 증가, 가치관의 변화 등과 어우러져 이제 저출산은 돌이키기 어려운 추세가 되었다.

출산율이 6명이던 1960년대에는 "덮어놓고 낳다 보면 거지꼴을 못 면한다" "많이 낳아 고생 말고 적게 낳아 잘 키우자"며 저출산을 독려했고, 출산율이 4명이던 1970년대에는 "딸·아들 구별 말고 둘만 낳아 잘 기르자"고 호소했다. 그러나 출산율이 2명대로 진입한 1980년대에도 인구 억제 정책은 계속되었다. 당시 정부는 "하나씩만 낳아도 삼천리는 초만원" "무서운 핵폭발, 더 무서운 인구폭발" 등의 표어로 사람들에게 '출산=공포'임을 인식시켰다. 결과적으로 이 시기의 인구 억제 정책은 10년 이후를 내다보지 못한 시대착오적인 정책이었다.

1990년에 출산율은 1.5명 이하로 떨어졌고 정부는 한참 뒤인 1996

년에야 공식적으로 가족계획사업을 접고 모자 보건 정책으로 방향을 틀었다. "엄마 젖은 건강한 다음 세대를 위한 약속"이란 표어를 내세웠지만, 역부족이었다. 급기야 2000년대에 들어서는 표어도 "엄마! 아빠! 혼자는 싫어요"로 달라졌고, 아기를 낳으면 100만 원을 준다거나 우대카드를 발급한다는 지방자치단체가 등장했다.

남한의 인구구조가 다산다사(多産多死)의 피라미드형에서 소산소사(小産小死)의 종형으로 전환되는 데에는 고작 25년이 걸렸다. 어느 누구도 이렇게 빨리 변할 거라고 예상하지 못했다. 2006년 전체 인구의 10% 정도인 노인 인구는 2026년이면 20%를 넘어서게 된다. 그렇게 되면 생산 가능 인구가 줄고, 연금 등 노인들에 대한 재정 부담이 늘면서 경제 전반이 어려워질 것이다. 준비되지 않은 고령화는 축복이 아니라 재앙일 수 있다. 더 늦기 전에 청년층의 감소, 생산연령층과 노인층의 변화 비율을 고려해 향후 벌어질 사회문제에 대비해 나가야 한다.



■ 시대별 인구정책 포스터

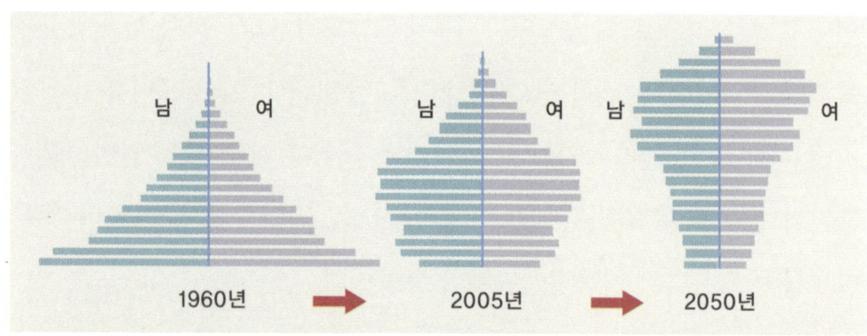


| 국가 | 도달 연도 | | | 이행 시간 | |
|---|---|---|---|---|---|
| | 7% 고령화 사회 | 14% 고령사회 | 20% 초고령 사회 | 7%→14% | 14%→20% |
| 프랑스 | 1864년 | 1979년 | 2019년 | 115년 | 40년 |
| 노르웨이 | 1885년 | 1977년 | 2021년 | 92년 | 44년 |
| 스웨덴 | 1887년 | 1972년 | 2011년 | 85년 | 39년 |
| 호주 | 1939년 | 2012년 | 2030년 | 73년 | 18년 |
| 미국 | 1942년 | 2014년 | 2030년 | 72년 | 16년 |
| 캐나다 | 1945년 | 2010년 | 2024년 | 65년 | 14년 |
| 이탈리아 | 1927년 | 1988년 | 2008년 | 61년 | 20년 |
| 영국 | 1929년 | 1976년 | 2020년 | 47년 | 44년 |
| 독일 | 1932년 | 1972년 | 2010년 | 40년 | 38년 |
| 북한1 | 2002년 | 2030년 | 2045년 | 28년 | 15년 |
| 일본 | 1970년 | 1994년 | 2006년 | 24년 | 12년 |
| 북한2 | 2002년 | 2028년 | 2037년 | 26년 | 9년 |
| 남한 | 2000년 | 2018년 | 2026년 | 18년 | 8년 |

## 북한의 인구피라미드는 울퉁불퉁형?

남한의 인구피라미드가 항아리 모양으로 변해 가고 있다면 북한의 인구피라미드는 어떤 모습일까? 아쉽게도 북한에서는 공식적인 통계 발표를 하지 않고 있다. 북한은 1994년 초 유엔인구활동기금(UNFPA)의 도움을 받아 해방 이후 최초로 인구 총조사(인구센서스)를 실시했는데,

이 글에 실린 인구피라미드는 그 자료를 바탕으로 작성한 것이다.

북한의 인구피라미드는 연령에 따라 인구 규모가 심하게 변해 들쭉날쭉한 형태를 보이고 있다. 피라미드형도 아니고 종형도 아니고 방추형도 아닌, 우리 교과서에 나오지 않는 유형이다. 이런 형태의 인구구조는 다른 나라에서는 찾아보기 어렵다. 이처럼 북한의 인구가 연령에 따라 심한 기복을 나타내는 이유는 무엇일까? 그것은 북한 사회가 겪은 역사적 경험과 국가정책 때문이다. 즉 시기별로 전쟁, 인구정책, 통계 보고상의 누락 등이 반영된 결과다. 그 변화를 이해하기 쉽도록 7문7답으로 정리했다.

■ 북한의 인구구조(1993년)

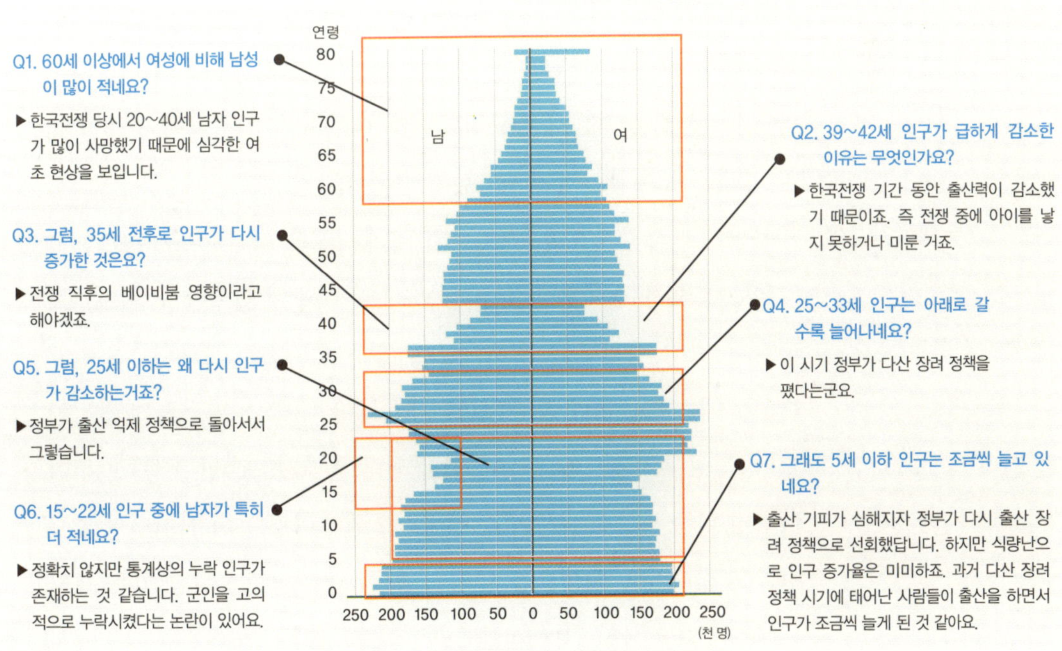

# 인구 변화 뒤에 숨어 있는 '보이지 않는 손'

남한에서는 인구정책을 '인구문제와 관련된 여러 가지 사회문제를 해결하기 위한 국가정책' 정도로 이해하고 있지만 북한에서는 '사회주의 건설을 위한 도구'로 파악하고 있다. 따라서 북한 정부는 '사회주의·공산주의 건설을 다그치기 위해' 적극적인 인구정책을 펼쳐 왔다. 그 결과 북한에서는 국가의 필요에 따라 인구 억제·출산 장려 정책이 반복되고 있다.

### 한국전쟁 이후~1960년대 : 다산 장려 정책

북한의 인구는 전쟁 직전인 1949년에 962만 명 정도였지만, 전쟁 종료 후인 1953년에는 849만 명으로 인구의 절대 감소 현상이 나타났다. 이는 전쟁 상황에서 출산력이 낮아지고, 많은 사상자가 발생한 데다, 대량으로 피난민이 빠져나갔기 때문이다.

북한은 한국전쟁 이후 1960년대 내내 다산을 장려하는 인구정책을 시행했다. 높은 경제성장을 유지하고 전후 복구에 필요한 노동력을 보충하기 위해 임산부를 우대하고 이혼을 억제하는 정책을 취했다. 1961년에는 처음으로 전국 어머니대회를 열어 다산 운동을 적극 독려했다. 무상 치료제(1960년~)와 의사 담당 구역제(1964년~) 등 전 주민 대상의 의료 제도가 실시되고, 전국적으로 탁아소 등이 설치되면서 사망률은 감소하고 출생률은 높아져 인구 증가율이 급상승했다. 특히 1966~1970년 사이 연평균 인구 증가율은 한반도 인구 변천 과정에서 가장 높은 수치로 기록되어 있다.

이 시기 세쌍둥이를 출산하면 아이들의 생활을 완전 보장해 주었고, 쌍둥이를 출산하면 백미 80kg, 광목 400m 등을 특별 배급해 주었다. 또한 아이를 많이 낳거나 전쟁고아 3명 이상을 양육하는 경우 표창을 수여하기도 했다.


## 1970 ~ 1980년대 : 출산 억제 정책

인구가 가파르게 증가함에 따라 북한은 1970년대 초에 이르러 출산을 억제하는 방향으로 인구정책을 전환했다. 매년 증가하는 인구를 부양할 국가적 능력이 부족한 상황에서 인구 증가율의 상승은 국가에 큰 부담이었던 것이다. 농업 생산력의 더딘 성장과 식량 부족 문제 때문에 인구 억제 정책을 펼 수밖에 없었으며, 그것은 고등교육 인구와 경제활동 여성의 증가와 맞물리면서 출산율의 급속한 저하를 불러왔다.

그렇다면 이 시기 출산 억제 정책은 구체적으로 어떻게 추진되었을까? 먼저 각 산원(산부인과 병원)에 부인상담과를 설치하고 대대적인 피임 서비스를 제공하기 시작했다. 중등교육 과정에서는 임신과 관련한 생리학 교육을 실시했다. 또 하나 획기적인 내용은 이때까지 허용되지 않던 낙태를 허용한 것이었다. 여성 혼인 연령도 22세 이상으로 상향 조정되었으며, 1978년에는 그전까지 3명이던 권장 자녀 수를 1~2명으로 줄였다. 1980년대에는 출산휴가도 차등을 두어 첫째 아이를 낳았을 때는 150일, 둘째는 100일을 주었지만, 셋째는 출산휴가를 주지 않았다고 한다. 셋째 아이를 낳게 되는 직장 여성은 일터를 떠나

야만 했을 것이다.

"하나도 낳지 않아도 좋습니다. 하나는 좋습니다. 둘까지도 괜찮습니다. 셋 이상은 염치가 없습니다."

1978년에 김정일 위원장이 내세운 표어는 북한 당국의 출산 억제 의지가 얼마나 분명하고 강력했는지 보여 준다.

### 1990년대 초~ 현재 : 출산 장려 정책

1990년에 이르러 북한의 인구는 2천만 명을 넘어서게 되었다. 그러나 사회주의권 몰락 이후 외부 원조가 줄어들고 1995, 96년 홍수와 1997년 가뭄 등 자연재해가 겹치면서 북한의 식량난은 매우 심각해졌다. 국가 차원의 계획 수립이 어려워지고 배급 시스템이 붕괴되면서 굶어 죽는 사람이 속출했으며, 유아 사망률이 급상승하고, 출생 시 기대 수명은 현저하게 낮아졌다. 게다가 이전 시기 펼쳐졌던 출산 억제 정책에 경제 악화로 인한 생활고까지 겹치면서 출생률이 급격히 감소했다. 남한의 통계청에 따르면 1996년부터 2001년까지 북한은 0%대의 인구 증가율을 나타냈다고 한다.

이에 북한 정부는 미래 노동력 확보 차원에서 적극적인 다산 정책으로 전환했다. 다산 여성을 '모성 영웅'이라 부르며 '따라 배우기 운동'을 전개했으며, 낙태 수술을 다시 금지하기에 이르렀다. 1998년에는 37년 만에 '제2차 전국 어머니대회'를 실시해 다산을 독려했다. 또한 다산 여성들에게 식량 우선 제공, 특별 보조금 지급, 주택 우선 배정, 사회적 노력 동원 면제 등의 혜택을 주고 있는데, 식량난이 여전히 존재하는 현실에서 얼마나 실효성을 거둘 수 있을지는 미지수다. 실제로 사회보장이 제대로 시행되지 않는 상황에서 양육에 대한 부담이 커지자 평양을 비롯한 대도시에서는 자식을 1명 낳는 것이 보편화되고 있다. 그로 인해 최근 북한 내 유치원 및 인민학교에서는 학생 수가 줄어드는 것을 걱정하고 있다.

## 남북통일이 대안이 될 수 있을까?

남북통일이 되면 남한의 저출산, 고령화 문제를 해소할 수 있을까?

현재 북한의 유소년 인구를 볼 때 고령화 문제는 어느 정도 완화될 것으로 예상된다. 65세 이상 인구 비중이 14% 이상인 '고령사회'로 진입하는 시기가 남한은 2018년쯤인 반면 북한은 2030년 정도로 예상되기 때문에 통일 이후 어느 정도의 변화가 올 것으로 보인다.

그러나 저출산 문제는 그다지 낙관적이지 않다. 1990년대 중반 식량난으로 허덕이던 당시 합계출산율이 1.8명~2.0명 수준으로 떨어진 북한에서는 최근까지

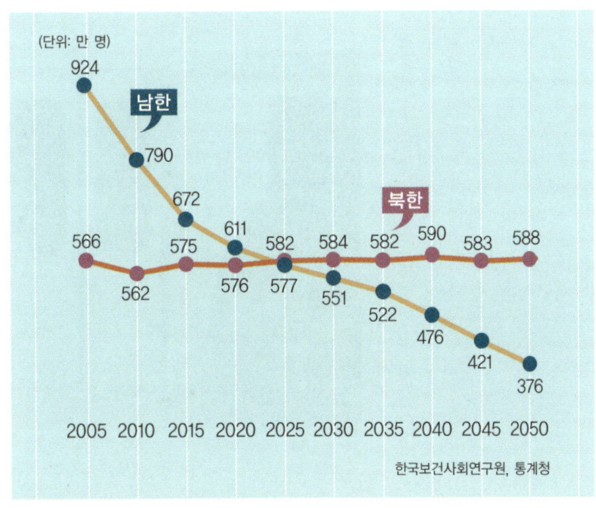


■ 남북한 유소년 인구 비교
2025년을 전후로 남한과 북한의 유소년 인구수가 역전될 것으로 보인다.

출산 장려 정책을 대대적으로 추진하고 있으나 2008년까지도 2.0명을 넘어서지 못한 것으로 보인다. 2005년 현재 유소년(0~14세) 인구는 남한(924만 명)이 북한(566만 명)에 비해 절대적으로 많지만 출산율을 감안하면 2025년을 전후로 북한의 유소년이 남한보다 더 많아질 것으로 예상된다. 그러나 남북한을 합친 유소년 인구 역시 꾸준한 감소가 예상되므로 남북통일이 되더라도 출산율을 높이는 데 지속적인 관심을 기울여야 한다.

덧붙여 외국인이 들어와 한국인으로서 함께 살 수 있는 열린 사회를 만드는 것도 중요한 일이다. 그런 면에서 요즘 사회 전반에 일고 있는 단일민족에 대한 비판적 문제 제기, 외국인 노동자와 다문화 가정에 대한 관심과 지원, 국제결혼에 대한 긍정적 의식 변화는 매우 바람직한 일이다.

■ **앞으로 이런 일이?** 인구 문제에 지속적인 관심을 쏟지 않으면 실제로 이러한 일이 벌어질지도 모른다.

다른 사회주의 국가들도 북한처럼 강력한 인구정책을 펼쳤을까?

이웃한 중국은 훨씬 강력한 인구 억제 정책을 펴 왔다. 과거 마오쩌둥은 "사람은 많을수록 좋다"며 출산 장려 정책을 폈고, 각 가정은 평균 7~8명의 자녀를 두었다. 그러나 인구가 기하급수적으로 증가하자 중국 정부도 인구 억제 정책을 선택할 수밖에 없었다. 1978년부터 '한 가정 한 자녀'를 골자로 하는 '계획 생육' 정책을 실시했다. 도시에서는 한 자녀밖에 낳을 수 없었고, 노동력이 필요한 농촌은 첫째가 딸일 경우에만 둘째가 허용되었다. 이를 위반한 경우 당시 임금의 20~30배에 달하는 벌금을 내고 직장에서 쫓겨나기도 했다. 또한 호적에 올리지 못한 둘째 아이 '헤이하이즈(黑孩子)'는 교육 기회를 박탈당했다. 중국의 인구 표어는 황당하고 살벌하기까지 하다. "한 사람이 묶으면(피임 수술) 온 집이 영광스럽다" "10개의 무덤을 추가할지언정 한 사람을 늘릴 수는 없다" "하나 낳으면 피임령, 둘 낳으면 정·난관 수술, 셋 낳으면 벌금형" 등이 그것들이다.

중국은 '소자화(小子化)' 정책이 인구 폭발을 막고 경제 발전에 큰 도움을 주었다고 자평하지만, 부작용도 만만치 않아 보인다. '소황제'로 커 온 외동아이들의 의식 변화로 가족이 해체되고 있고, 일부 부유층은 원정 출산을 통해 둘째를 가져 비난을 받고 있다. 소자화 정책이 지속될 경우 향후 노동력 부족 문제가 우려된다는 목소리도 들려온다.

러시아는 사회주의 시절에는 꾸준한 인구 증가율을 보였으나 소련 붕괴 후 10여 년간 무려 460만 명의 인구가 감소해 정부가 대책 마련에 나섰다. 소련 해체 뒤 사회주의 의료 체계가 붕괴되면서 결핵, 폐렴 등 후진국형 질병과 에이즈 및 각종 성병이 확산되어 사망률이 크게 증가했으며, 자본주의의 자유로운 생활 방식 유입으로 출산 기피 현상까지 더해졌다. 여기에 남성 인구 사망률 증가도 한몫하고 있다. 보드카로 인한 알코올 중독의 영향으로 남성 평균 수명이 59세로 매우 짧아졌는데, 이것은 여성 평균 수명 73세와 큰 격차를 보이고 있다. 2002년, 다급해진 러시아 정부는 인구 문제를 '민족의 생존 문제'로 보고 수명 연장 및 출산율 제고를 위한 인구정책을 도입했다.

# 국경 없는 마을에는 있고 서래 마을에는 없는 것



교통과 통신의 발달, 무역 장벽의 축소, 자본 시장의 통합이 이루어지는 세계화(Globalization) 시대를 맞아 인구 이동이 활발해지고 있다. 우리나라에도 광역시 인구만큼의 외국인이 살고 있다. 이는 우리 사회가 다인종·다문화 사회로 급속하게 전환되고 있음을 말해 주는 지표다. 따라서 사회의 변화에 맞게 우리의 의식도 변해야 함은 물론이다.

# 외국인 100만 명 시대

이제는 거리 곳곳에서 우리와 다른 모습을 한 외국인을 만나는 것이 특별한 일이 아니다. 세계화 시대를 맞아 수많은 상품, 자본, 정보, 서비스 등과 함께 인구의 이동도 활발해졌다. 공식적인 통계를 보면 우리나라에 살고 있는 외국인은 2007년에 100만 명을 넘었다. 이는 105만 명 정도 되던 2005년 울산광역시 인구와 맞먹는 수치다. 비공식적인 통계까지 고려한다면 이보다 훨씬 많을 것이다. 세계와의 교류가 점점 늘고 있는 현재 상황으로 미루어 볼 때 앞으로 국내에 체류하는 외국인 수는 더욱 증가할 것이다.

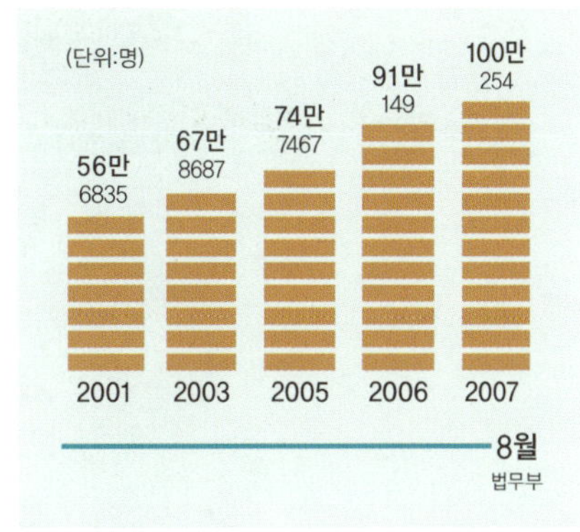


■ **국내 체류 외국인 현황**
장기·단기·불법 체류자를 포함해 국내 체류 외국인은 100만명으로, 2007년 주민 등록 인구(4926만 명)의 2%다.

## 여기가 한국 맞아? 한국 속 중국, 한국 속 프랑스…

외국에 나가면 차이나타운, 코리아타운 등 같은 민족끼리 모여 살아가는 공간을 쉽게 볼 수 있다. 타국 생활에서 겪게 되는 여러 가지 어려움을 해결하기 위해 언어와 문화가 통하는 사람들끼리 모이게 되면서 그들만의 특별한 공간이 자연스레 생겨나게 된 것이다. 그와 같은 외국인 밀집 지역이 최근 우리나라에서도 자리를 잡아 가고 있다.

그중 이태원은 가장 대표적인 공간으로 '한국 속의 외국'이라고 부

**런던의 차이나타운** 중국인 집단 거주지인 차이나타운은 세계 어느 나라에서든 어렵지 않게 발견할 수 있다.

를 정도로 다양한 지역에서 온 사람들이 모여서 살아가는 곳이다. 미군 부대, 이슬람 사원, 외국인 학교, 대사관 등을 중심으로 많은 외국인이 거주하는 이태원은 독특한 경관을 보여 준다. 다양한 지역에서 온 외국인들이 자신들의 문화를 나타내는 음식점, 상점 등을 운영하며 우리나라에서는 쉽게 볼 수 없는 이국적인 문화 경관을 형성하고 있다. 국내 거주 외국인들은 이태원에서 자신과 고향이 같은 사람들을 만나 한국 생활의 어려움을 나누고 정보를 공유하며 향수도 달랜다.

이주 노동자가 증가하면서 '국경 없는 마을'이라 불리는 안산시 원곡동도 이태원과 더불어 다양한 국적의 사람들이 모여 살아가는 공간이 되었다. 이 지역에 살고 있는 외국인의 수는 4만여 명 정도로 대부분 아시아 지역 출신이며 주변 반월 공단, 시화 공단 등에서 근무하고 있다. 내국인이 꺼려하는 3D 업종이 주종을 이루는 제조업체 특성상 내국인이 떠난 자리를 외국인이 대신하고 있는 것이다. 일자리를 찾아 수많은 외국인이 정착하고 그들 간의 사회적 네트워크를 형성함에 따라 더 많은 외국인이 들어오게 되면서 현재와 같은 밀집 지역이 만들어졌다.

이태원과 원곡동이 다양한 외국인이 모여 살아가는 지역이라면, 서울 구로구 가리봉동 일대의 옌벤 거리(중국)나 서울 서초구 서래 마을(프랑스), 서울 동부이촌동의 리틀 도쿄(일본) 등은 특정 국가 사람들이 모여 거주하는 곳이다.

■ 외국어 간판이 즐비한 이태원 거리(위), 고국으로 전화를 하고 있는 원곡동의 외국인들(아래)

가리봉동 옌벤 거리는 1990년대 구로 공단이 가산 디지털 단지로 탈바꿈하면서, 공단 근로자들이 주로 거주하던 쪽방 밀집 지역에 한국계 중국인들이 모여들며 형성되었다. 월세가 저렴하고 주변 영세 공장이나 공사장에서 일자리를 구하기가 쉬워 코리안 드림을 찾아온 중국 동포들과 중국인들이 모여들게 된 것이다.

서울 서초구에 위치한 서래 마을은 프랑스인들이 모여 사는 곳이다. 서래 마을은 1980년대 중반 주한 프랑스 학교가 이곳으로 이전하면서 만들어졌다. 자녀의 학교를 따라 많은 프랑스인들이 이주해 왔고, 자

■ **서래 마을의 보도블록**(왼쪽) 프랑스 국기를 본떠 흰색, 빨간색, 파란색으로 만들었다.
■ **리틀 도쿄** 일본인들이 모여 살게 되면서 전문 식료품점도 생겼다.

연스럽게 프랑스인 마을이 형성되었다.

서울 동부이촌동에는 일본인 집단 거주지인 리틀 도쿄가 있다. 리틀 도쿄는 1970년대 동부이촌동에 외인아파트가 건설되면서부터 형성된 곳으로 서울에 있는 외국인 밀집 지역 중에서도 그 역사가 가장 길다. 이 밖에도 동대문에는 러시아 사람들이, 창신동에는 필리핀 사람들이 모여 살고 있다.

이처럼 외국인 밀집 지역은 우리의 삶과 멀리 있는 것이 아니라 우리 주거 공간 바로 옆에 들어서 있다. 세계화, 지구촌이란 말을 방송과 신문을 통해 수없이 보고 들으면서 나오는 먼 얘기라고 생각했을 수도 있지만, 더 이상 남의 얘기가 아닌 우리의 일상생활이 되어 가고 있는 것이다.

# 살색에서 살구색으로 그러나 현실은…

지난 2002년 국가인권위원회는 크레파스와 물감 등의 '살색'이라는 명칭이 인종에 대한 평등권 침해가 될 수 있다며 이에 대한 시정 권고를 했다. 기술표준원은 이를 받아들여 2005년부터 살색 대신 살구색이란 용어를 공식적으로 쓰기 시작했다. 하지만 우리의 인식은 아직 색 명칭의 변화보다 느린 듯하다.

국내에 거주하는 외국인의 수는 하루가 다르게 늘어 가고 있지만, 그들을 대하는 우리의 시선은 여전히 이중적이다. 외국인을 대상으로 한 한국 생활 만족도 설문조사 결과를 보면 백인 대다수는 한국 생활에 대해 높은 만족도를 보였다. 유색인종들은 대부분 차별을 경험했다고 답했으며, 한국 생활 만족도도 상대적으로 낮았다. 서래마을이나 리틀 도쿄처럼 선진국에서 온 외국인들의 밀집 지역은 우리에게 색다른 문화 공간으로 인식되어 이국적인 문화를 체험하려는 많은 사람들이 즐겨 찾고 있다. 그러나 개발도상국 외국인들의 밀집 지역은 우범지대로 인식되고 있는 것이 우리의 현실이다.

2006년 영아 유기 사건이 세상에 알려지게 되면서 더욱 유명해진 서래 마을은 끔찍

■ **옌벤 거리** 가리봉동 옌벤 거리에서는 중국어 간판을 쉽게 볼 수 있다.

■ **몽골타운** 동대문 부근 몽골타운 건물 입구에 있는 몽골어 안내판이다.

한 사건이 있었음에도 불구하고 많은 사람들이 프랑스 음식과 문화를 즐기기 위해 방문하는 명소가 되었다. 반면 2007년 원곡동에서 일어난 중국인에 의한 한국 여성 살해 사건을 바라보는 시선은 달랐다. 지역 주민들이 불안해하는 모습이 연일 방송에 보도되었고, 많은 중국인들은 범죄자 취급을 받아야 했다. 자신의 아이를 살해·유기한 사건과 외국인에 의해 내국인이 살해당한 사건의 차이를 감안한다 하더라도 출신 국가에 따라 외국인을 대하는 우리의 시선과 태도에는 분명 차이가 있었다.

우리는 경제 선진국에서 온 백인을 선망하고 그들의 문화를 동경하며 배우려고 한다. 그들이 한국말을 못한다고 해서 무시하거나 함부로 대하지 않는다. 오히려 영어를 못하는 우리 자신을 부끄러워하며 그들과 소통하려고 노력한다. 그러나 개발도상국에서 온 외국인들은 우리보다 경제력이 낮다고 무시하고, 범죄자라도 된 것처럼 멀리하며, 그들이 모여 사는 지역을 우범지대 취급한다.

한 연구 기관이 조사한 국내 체류 외국인의 인구 10만 명당 범죄자 수 통계를 보면 우리의 생각이 선입견임을 알 수 있다. 통계에 따르면 동남아시아 등 개발도상국 출신보다 경제 선진국 출신 외국인의 범죄 비율이 훨씬 더 높다. 이는 '범죄의 온상'으로 덧씌워진 중국과 동남아 미등록 체

류자들에 대한 일반의 편견을 뒤집는 결과다. 보고서에 따르면 외국인 입국자와 체류자(불법 체류 포함)의 10만 명당 범죄자 수는 미국, 독일, 캐나다, 프랑스, 일본 등 경제 선진국이 대부분 상위권이었다. 반면 미등록 체류자들의 상당수를 차지하는 중국, 방글라데시, 필리핀, 인도네시아, 네팔 등은 범죄자 수가 현저히 낮아 대조를 이뤘다. 특히 미등록 체류자들은 불안한 지위 때문에 오히려 범죄의 피해자가 될 가능성이 높다고 한다.


## 이방인에서 이웃으로

우리나라에 외국인들이 많이 건너오는 것처럼 우리나라 사람들 역시 외국으로 많이 건너갔다. 20세기 초 미국과 남아메리카의 사탕수수 농장 노동자로 건너간 것을 시작으로 많은 한국인들이 새로운 삶을 찾아 외국으로 떠났다. 현재는 약 670만 명의 재외 동포가 세계 각지에 흩어져 살아가고 있다.

지난 2004년에는 미국 이민 100년●을 기념하는 〈한국인의 날〉 행사가 열렸다. 100년 동안 미국에서 소수 인종으로서 여러 가지 우여곡절을 겪으면서도 한국의 문화를 지키며 살아간 그들의 모습에 한국에서도 많은 박수를 보냈다. 미국 교민들은 이미 미국 사회에서 튼튼하게 뿌리를 내리고, 다양성이 깃든 미국 문화를 한층 풍요롭게 하고 있으며 여러 분야에서 능력을 발휘해 미국 사회에서 중요한 역할을 해내고 있

● 1903년 86명의 한국인들이 하와이의 사탕수수 농장 노동자로 일하기 위해 이주한 것이 미국 이민의 시작이다.

다. 또한 한국 기업이나 국민들이 미국 진출을 하는 과정에서도 직간 접적인 도움을 주며 우리나라의 국가 이미지에도 긍정적 영향을 미치고 있다. 이처럼 해외에서 활동하거나 그곳에 정착한 동포들은 양쪽 나라에 모두 도움을 주고 있는 셈이다.

마찬가지로 다양한 나라에서 우리나라로 이주해 온 외국인들도 한국 사회에 다양성을 더해 주면서 두 나라 사이의 외교적 가교 역할을 할 수 있다.

문화에는 우열이 없으며 단지 다양성만 있을 뿐이다. 외국인들이 지니고 있는 다채로움은 우리 사회에도 영향을 주어 풍요로운 문화를 만들어 내는 동력이 될 뿐 아니라, 사회 구성원들의 경험과 사고의 폭을 넓히는 데에도 큰 기여를 할 것이다. 또한 사람의 배경과 겉모습을 중요시하는 우리 사회가 사람을 대하는 올바른 관점을 갖게 만드는 중요

문화에는 우열이 없으며 단지 다양성만 있을 뿐이다. 외국인들이 지니고 있는 다채로움은 우리 사회에도 영향을 주어 풍요로운 문화를 만들어 내는 동력이 될 뿐 아니라, 사회 구성원들의 경험과 사고의 폭을 넓히는 데에도 큰 기여를 할 것이다.

차이를 존중하고, 차별을 깨뜨리다

한 계기가 될 수도 있다.

2008년 안산시 원곡동에, 주민자치센터와 유사한 외국인 주민센터가 전국 최초로 개관했다. 외국인들을 위한 한글 교육, 의료 서비스, 각종 행정 지원 등의 업무를 공공 영역에서 시작하게 된 것은 우리 사회가 그들을 사회 구성원으로 인정하기 시작한 것이라는 점에서 매우 의미 있는 일이다.

안산 외국인 주민센터 외벽에는 다양한 나라의 국기로 이루어진 사람이 새겨져 있다. 그 부조가 말해 주는 것처럼 어느 나라 출신이든 우리는 모두 똑같은 사람이며, 그러한 다양한 나라의 문화가 모여 지금의 우리가 있게 된 것이다. 이제 우리 가슴속에 오랜 기간 남아 있던 편견을 걷어 버리자.

# 기아 사태가 즐겁다?



세계 식량 문제는 식량 생산의 문제일까, 식량 분배의 문제일까? 경제학자 멜서스의 말대로 인구는 기하급수적으로 증가하나 식량은 산술급수적으로 증가하기 때문에 식량 문제와 기아 현상은 불가피한 것일까? 인류의 커다란 고민인 기아 문제의 원인을 다양한 측면에서 알아보고 그 과정을 통해 의문에 대한 답을 찾아보자.

# 기아 문제는 현재 진행 중

사진 속 어린이가 겪고 있는 고통은 무엇일까? 바로 '굶주림'이다. 이 아이는 왜 이렇게 비참하게 굶고 있을까? 대부분의 사람들은 이렇게 대답할 것이다.

"아이를 너무 많이 낳으니까 식량이 모자라는 거지."

"사막 같은 곳에서 사니까 식량을 많이 생산하지 못해서 그러겠지."

"잘살아 볼 노력을 하지 않으니까 가난하고, 그래서 먹을 것이 없는 거지."

국제연합(UN) 산하 세계식량농업기구(FAO)의 2006년 보고서에 따르면, 전 세계에서 약 8억 명이 기아에 시달리고 있으며, 매일 2만 5천 명 이상이 기아로 사망하고 있고, 1초에 5명 꼴로 어린이가 굶어 죽는

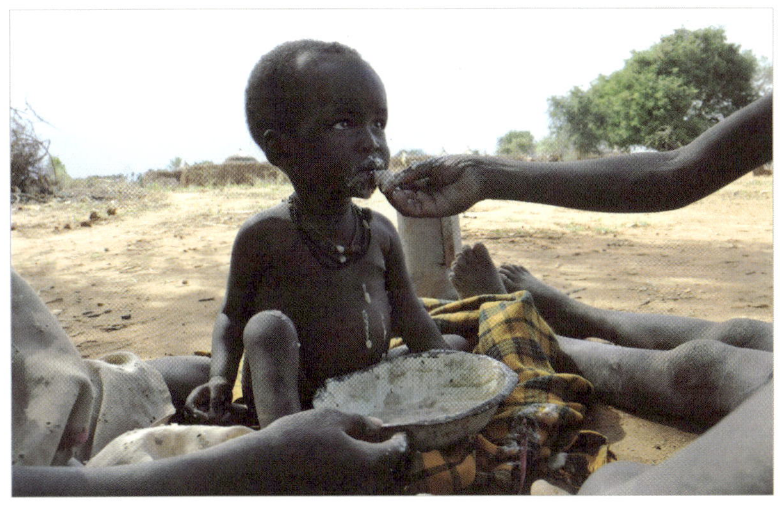

■ **우간다 난민 어린이** 20년간의 내전으로 우간다 주민 160만 명은 기아와 질병에 시달리며 난민 생활을 하고 있다.

다고 한다.

　이렇게 많은 사람들이 굶주리거나 기아로 죽어 가는 이유는 무엇일까? 식량이 모자라서일까? 농사에 불리한 자연환경 때문일까? 이들이 게으르고 무능해서일까? 그에 대한 대답은 생각보다 간단하지 않다.

## 식량 부족이 아닌 식량에 대한 접근성의 문제다

FAO의 평가에 따르면 1984년의 세계 농업생산력을 기준으로 할 경우에도 지구는 120억 명의 인구를 먹여 살릴 수 있었다고 한다. 현재 인구가 약 66억 명이니 거의 두 배에 가까운 인구를 부양할 수 있던 것이다. 표에서 볼 수 있듯이 1998~1999년에는 2억 9700만 톤의 식량이 남았으며 2004~2005년에는 3억 9700만 톤의 식량이 남았다. 더구나 소비량 가운데 가축을 제외한 순수 인간이 소비하는 양은 연간 10억 톤 내외로 추산된다. 육식 위주의 식생활을 지양할 경우 식량의 잉여분은 더욱 많아진다. 결국 지구 상에는 인류가 먹고도 남을 충분한 곡물이 있는 셈이다. 인구에 비해 식량이 부족한 것이 아니라는 얘기다.

　그러면 식량이 충분함에도 세계 인구의 15% 내외가 굶주림에 허덕

■ 세계 곡물 수급 현황

| 기간 | 생산량 | 재고량 | 총공급량 | 소비량 | 잉여량 |
|---|---|---|---|---|---|
| 1998-1999 | 1857 | 330 | 2187 | 1890 | 297 |
| 2004-2005 | 2033 | 353 | 2386 | 1989 | 397 |

(단위: 백만 톤)　　　　　　　　　　　　　　　　　　　　　FAO

인다는 것은 무엇을 의미할까? 그것은 식량의 '양'이 아니라 '분배'에 문제가 있다는 뜻이다. 더 쉽게 말하면 남아도는 식량을 구입할 돈이 없거나 돈이 있어도 식량을 구할 수 없다는 것이다.

식량 생산량이 많은 국가들은 식량이 남아돌아도 절대 낮은 가격으로 판매하지 않는다. 더구나 대량 폐기 처분을 할지언정 무상 지원은 절대 하지 않는다. 그것은 가격이 떨어져 이윤이 줄어드는 것을 방지하기 위해서다. 식량 가격이 떨어지지 않도록 하기 위해 일부러 그해의 생산량을 줄이거나 과잉 생산된 식량을 폐기하기도 한다. 예를 들어 유럽의 목축업자들은 우유 생산량의 제한을 받는다. 우유 가격의 하락을 막기 위해 정부에서 법적으로 일정한 할당량을 정해 주고 그 양을 초과할 경우 벌금을 물린다고 한다. 그리고 가격 보장을 위해 건강한 소를 도살하는 결정을 내리기도 한다.

또 다른 예로 인도와 브라질이 있다. 두 나라는 세계적인 농산물 수출국이다. 하지만 인도 국민의 24%, 브라질 국민의 9%가 기아에 시달리고 있다. 수출할 식량은 있어도 자국민을 먹여 살릴 식량은 없다.


## '수요·공급'의 법칙이 아닌 거대 곡물 투기 세력이 문제다

미국 시카고 미시간 호숫가에는 '시카고 곡물 거래소'가 있다. 전 세계 곡물의 80~85%가 거래되는 엄청난 곳이다. 당연히 세계의 콩, 옥수수, 밀, 쌀, 보리, 귀리 등 곡물 가격은 이곳에서 결정되는데 그 중심

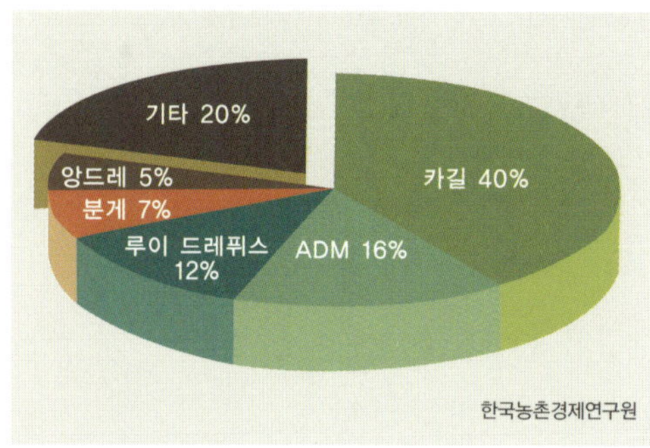



■ 5대 곡물메이저의 시장 점유율

● 카길은 세계 최대의 곡물 메이저로, 우리나라 수입 곡물 시장의 60%를 장악하고 있다. 카길은 이러한 막대한 영향력을 갖고 있음에도 미국에서 개인 소유 비중이 가장 높은 기업이며, 기업의 많은 부분을 공개하지 않는 폐쇄적인 구조를 가지고 있다.

에 거대 곡물 기업들이 있다. 이들을 '곡물 메이저'라고 부르는데 카길 인터내셔널(미국), 아처 대니얼스 미드랜드(ADM, 미국), 루이 드레퓌스(프랑스), 분게(아르헨티나), 앙드레 S.A.(스위스)가 5대 곡물 메이저다.

세계 각지에서 생산되는 곡물의 상당량은 현지에서 소비되는 것이 아니라 다국적 기업 형태의 대규모 곡물 상인인 이들을 통해 유통된다. 예를 들어 세계 곡물 시장의 40% 이상을 장악하고 있는 미국의 '카길'은 세계 100여 개국에 1000여 개의 공장과 10만여 명의 직원을 두고 있다. 카길은 특히 제3세계 국가에 진출해 현지의 협동조합과 계약을 맺고 곡물 시장을 장악하고 있다. 카길이 터무니없이 낮은 가격을 제시해도 농민들은 그저 따를 수밖에 없다. 이렇게 해서 사들인 대량의 곡물은 시카고 곡물 거래소에서 훨씬 높은 가격이 책정되어 전 세계로 판매된다. 더구나 카길은 세계 여러 나라의 곡물 경작 상황을 파악하고 있다가 흉작이라 판단되면, 곧바로 매점매석에 들어가 가격을 올린 뒤 이익을 챙기는 것으로 유명하다. 반대로 풍작이라 예측되면 저장하고 있던 곡물을 가격 하락 전에 미리 판매해 이후 국제 곡물 가격이 떨어졌을 때 생길 손해를 줄이기도 한다.

결국 세계의 식량은 실수요보다 돈의 흐름에 따라 움직이고 있는 것이다. 곡물 가격은 수요와 공급의 법칙에 따라 정해지기도 하지만 사실 곡물 메이저와 곡물 투기꾼들에 의해 조작되는 경우가 많다. 이들에게 기아에 시달리는 어린이나 난민은 전혀 중요하지 않다. 오로지 최대 이윤의 추구만이 목적이다.

곡물 메이저에 의해 책정된 가격에 따라 세계 각국은 식량을 사들이며, 인도적 지원 단체들도 식량을 구입해서 구호의 손길이 필요한 곳에 지원한다. 기아에 시달리는 사람들을 돕는 FAO(세계식량농업기구)나 WFP(세계식량계획) 같은 기구들은 식량의 가격이나 생산량, 공정한 분배를 위해 아무런 힘도 쓸 수가 없다. 세계시장만이 그 힘을 가지고 있고, 그 시장은 이윤 추구를 위해서는 물불을 가리지 않는 몰인정한 존재다.

■ **카길** 미국 일리노이 주 미시시피 강변에 있는 카길 사의 곡물 엘리베이터와 터미널.

## 불리한 국토 조건이 아닌 외부 요인이 문제다

세계 최고 수준의 인구밀도를 보이는 방글라데시 역시 기아 문제를 겪고 있다. 갠지스 강과 브라마푸트라 강이 만들어 놓은 비옥한 충적평야가 펼쳐져 있고, 열대 계절풍 기후에 속해 벼농사의 최대 적지임에도 불구하고 방글라데시의 쌀 생산량은 아시아 전체 평균에도 미치지 못한다. 기아 문제와 관련해 우리가 자주 접하게 되는 나라인 에티오피아 역시 국토가 넓고 지형·기후 조건이 다양해 가뭄 같은 한 가지 자연재해가 전 국토에 영향을 미치지는 않는다. 그리고 수단, 소말리아, 말리 등과 함께 실제로 경작되고 있는 토지 면적의 몇 배에 해당하는 양질의 농지가 존재한다.

그렇지만 지금까지는 이들 나라의 불리한 국토 조건이 강조되어 왔고 식량 부족은 피할 수 없는 현실로 치부되곤 했다. 하지만 이 나라들이 가진 국토의 잠재력을 제대로 이용하기만 한다면 식량 생산량은 수 배 증가할 것이다. 그렇다면 무엇이 이들을 가로막고 있을까?

에티오피아를 예로 들어 보자. 이곳의 농업 전문가에 따르면 배수 시설만 갖추어지면 침수되어 있는 토지를 충분히 경작지로 이용할 수 있다고 한다. 그러나 이러한 배수 시설은 수출용 상품작물을 재배하는 토지에만 만들어진다. 더구나 식민 종주국(이탈리아)에 의해 잘못 그어진 국경선 때문에 소말리아와 분쟁이 일어나게 되자 정부는 예산의 대부분을 군사력 증강에 소비했다. 무기 수입을 위해 외채를 빌려 왔으며 그 이자를 갚으려고 식량 작물보다는 수출용 상품작물에 주력하게 되었다. 그리고 미국이 소말리아에 군사력을 증강하자 에티오피아 정부도 모든 자원을 군비 증강에 쏟아 붓게 되었고 사태는 더욱 심각해졌다. 농사를 지을 젊은이들은 군인으로 징발되어 갔고, 농업 생산량은 감소했으며, 결국 대규모 기아 사태가 일어났다.

이러한 사례는 세계 곳곳에서 찾아볼 수 있다. 1988년 사하라 이남의 최대 밀 수입국인 나이지리아는 수입 밀로 인한 국내 식량 생산 감소를 이유로 미국으로부터의 밀 수입을 금지했다. 그러자 카길은 미국 정부에 압력을 행사해 나이지리아의 섬유 수출을 제재하도록 했다.

이런 미국이었지만 2004년, 중국이 미국산 콩에 대한 수입 제한 조치를 발동했을 때, 미국의 앤 베너먼 농무 장관은 중국 농업 장관과 만난 자리에서 "중국의 콩 수입 제한에는 근거가 없다"면서 "중국이 이를 거부하면 WTO에 제소할 수도 있다"고 노골적 압력을 가하기도 했다.

간혹 일부 국가들이 사회 개혁에 성공해 자급자족을 달성한 경우, 그 즉시 강대국의 방해가 진행됐다. 강대국들은 자국의 식량 작물 판매에 문제가 발생한다는 이유로 지도자를 암살하거나 자기편인 군부를 자극, 쿠데타를 일으켜 정권을 장악하게 만든다. 그 전형적인 사례를 아프리카의 부르키나파소•에서 찾아볼 수 있다. 1983년 대통령이 된 토마스 상카라라는 지도자는 인두세 폐지, 토지의 국유화와 재분배 등을 통해 4년 만에 자급자족을 달성했다. 그러나 프랑스의 조종을 받은 쿠데타 세력에 의해 살해되고 말았다. 이후 부르키나파소는 다시 부정부패와 기아가 만연했고 외국에 대한 의존도는 더욱 높아졌으며 농민들은 다시 절망에 빠지게 되었다.

결국 국토의 불리한 조건이 문제라기보다는 경작 가능한 토지를 자국민

의 식량 생산을 위해 이용하지 않는 정치적·군사적 상황, 이를 부추기는 외부 세력의 개입, 식량 자급의 노력을 허락하지 않는 거대 곡물 자본의 압력이 더 큰 문제인 것이다.


## 전통적 농업이 아닌 수출용 단일 작물 재배가 문제다

기아를 겪고 있는 대부분 지역의 농민들은 자국의 자연조건에 적합한 농업 방식을 알고 있었다. 기근을 방지하기 위해 여분을 비축해야 한다는 것도 알고 있었고, 가뭄 같은 자연재해에 대처할 수 있는 방법도 알고 있었다. 과거에는 요즘과 같은 대규모 기아 사태가 없었다.

그러나 유럽의 식민 지배가 시작되면서 이러한 상황은 무너지고 말았다. 유럽 식민 종주국들은 자기 나라에서 필요로 하는 작물을 대량으로 재배하기 위해 식민지의 전통적인, 식량 작물 위주의 농업 방식을 무너뜨렸다. 플랜테이션을 통해 면화, 카카오, 사탕수수 등이 대량으로 재배되었다. 비옥한 토지는 수출용 작물에 점령당하고 가난한 농민들은 덜 비옥하거나 척박한 땅으로 밀려났다. 취약한 토지를 많은 인구가 이용하다 보니 땅은 쉽게 황폐해졌고 식량 생산량은 미미했다. 대표적인 곳이 아프리카의 사헬 지대다. 이곳은 사하라사막의 남부 지방으로 반건조지역이다. 농사를 짓기에 유리한 환경이 아니기 때문에 전통적으로 주민들은 농업과 목축을 결합하는 방식을 채택했다. 식량 작물 재배와 목축과 나무 키우기를 함께 또는 번갈아 함으로써 토양의 비옥도를 유지했고 토지의 침식을 막았다. 그래서 빈발했던 가뭄에도 적정량의 수확을 얻을 수 있었다.

그러나 식민 정부는 이곳에서 땅콩, 면화와 같은 1년생 작물만 재배하도록 강요했다. 작물, 가축, 나무를 동시에 키우거나, 한 가지만 키우면서 토양은 급속도로 척박해져 갔다. 농사에 적당하지 않은 반건조지역 토지에까지 1년생 작물을 심게 되면서, 유목을 하거나 나무를 키울 정도는 되었던 땅까지도 모두 황폐화되었다. 가축을 기를 땅이 좁아지면서 과잉 방목이 되었고 강우량에 따라 이동하던 유목민들의 목축 방식이 정부의 규제로 금지되면서 상황은 더욱 심각해졌다.

결국 전통적인 농업 방식의 파괴로 인해 반건조지역이 사막화되는 환경 파괴가 일어났고, 이로 인해 경작 가능한 토지는 점점 줄어들어 가뭄에 대항하는 능력도 크게 떨어지게 되었다. 그 결과 수출을 위한 상품작물은 풍부해졌지만 국민이 먹고 살 식량 작물은 부족해졌고, 독립 후에는 상품작물을 수출한 돈으로 식량 작물을 수입해 와야 했다. 수입한 식량을 구입하기 위해서는 돈이 필요했지만 가난한 국민들은 그럴 만한 돈이 없어 굶주림에 시달

식량난을 겪는 나라들을 보면 자국민을 위한 식량 작물보다 수출용 상품작물 재배에 힘을 쏟는 경우가 많다.

릴 수밖에 없었다.

이런 상황에서도 정부는 수출에만 관심을 보일 뿐 자급할 식량의 증산에는 관심이 없다. 자국 국민을 위해 식량을 생산하거나 싼값에 공급하는 것보다 상품작물을 수출해서 부자들의 배를 불리는 것이 더 중요하다고 생각하는 것이다. 결국 국민은 지속적으로 굶주림에 허덕이고 나라의 식량 해외 의존도는 점점 높아지게 된다.

## 식량 문제의 배후

'인구 증가 때문에 식량이 부족하기 때문이다' '국토의 자연조건이 불리하기 때문이다' '전근대적인 농업 방식 때문이다' 등 기아 문제에 대한 우리들의 선입견은 사실과 거리가 먼 것이다. 기아 문제의 원인은 인구에 비해 전 세계 식량 공급량이 적은 것이 아니라, 일부 세력이 식량을 독점하고 가격 하락을 막기 위해 공급량을 인위적으로 조절하는 데에 있다.

농업에 불리하다는 자연조건은 실제보다 과장되어 있으며, 오히려 효율적인 토지 이용을 가로막는 정치 상황과 이를 지속시키려는 배후 세력이 문제다. 전통적 농업 방식이 최선의 농업 방식임에도 이를 무시하고 대규모 상업적 농업 방식을 강요하는 강대국과 이를 따르는 독재 정권이 문제다. 과거에는 자연재해가 발생했다 하더라도 현지 주민들의 지혜로운 전통적 농업 방식으로 극복해 왔으나, 타의에 의해 이

균형이 무너지는 과정에서 자연환경이 파괴되었고 그 결과 자연재해
도 더욱 빈번해지게 된 것이다.


## 우리나라는 식량 위기로부터 안전할까?

우리나라는 이러한 현실로부터 자유로울까? 2007년에는 한미FTA 체
결 문제로 온 나라가 떠들썩했다. 한미FTA가 체결됨에 따라 우리나라
의 농업은 위기에 봉착할 것이라는 우려의 목소리가 크다. 쇠고기, 돼
지고기, 닭고기, 오렌지 등의 수입관세가 철폐되면서 생산량의 감소로
이어질 것이고, 미국산 쇠고기와 닭고기, 과일 등이 흔해질 것이라는
전망이다. 결국 우리나라에서 나는 쇠고기나 감귤의 생산량이 감소해
미국으로부터 수입을 해야만 먹을 수 있는 상황이 올지도 모른다. 이
는 쌀과 같은 주식의 경우 더욱 심각한 문제를 초래할 수 있다. 국제
쌀 가격이 폭등하거나 쌀이 부족해져 미국이 쌀 수출을 중단할 경우,
우리나라는 심각한 식량난에 빠질 것이다.

한미FTA 협상 과정에서 쌀 시장 개방을 반대하는 농민들의 반대 시
위가 거셌다. 이에 대해 농민들을 비난하는 목소리도 끊이지 않았다.
하지만 농민들의 주장이 과연 터무니없는 것일까? 우리나라의 식량
자급률은 2007년을 기준으로 26%밖에 되지 않는다. 우리가 소비하는
곡물의 74%는 수입된 것이라는 의미다. 그나마 어렵게 자급률을 지키
고 있는 것이 쌀이다. 2005년 곡물 소비량 1979만 톤 중 1399만 톤이

수입된 것이었는데, 전체 소비량 중 쌀 523만 톤을 빼면 우리나라의 식량자급률은 5% 밑으로 떨어진다. 이러한 상황에서 쌀 시장이 완전히 개방되면 어떤 상황이 벌어질까?

해답은 과거 풍요로운 곡물 생산국이었던 필리핀, 이집트, 아이티의 최근 모습에서 찾을 수 있다. 1년에 3모작이 가능했던 필리핀은 정부가 벼농사를 포기하고 수입에만 의존한 결과 최근의 국제 쌀 가격 폭등에 속수무책이다. 이집트는 세계에서 밀을 가장 많이 수입하는 나라가 된 뒤 밀 가격이 60% 가까이 폭등하자 식량난에 허덕이게 되었다. 아이티는 외국의 값싼 쌀이 수입되면서 자국 농업이 무너져 폭동이 일어났고, 쌀을 구하지 못해 진흙 쿠키를 만들어 먹는 상황까지 벌어졌다. 비싼 땅에서 경쟁력이 떨어지는 벼농사를 고집하는 것은 시장

2008년 4월, 기아와 물가 상승, 빈곤 사태에 격분한 필리핀 국민들이 시위를 벌였다.

경제에 어긋나는 일이고, 그 땅에 상업 시설을 지어 부가가치를 높이는 것이 훨씬 경제적이라는 논리가 얼마나 위험한지를 적나라하게 보여 주는 사례다.

최근 세계 곡물 가격의 상승이 심상치 않다. 지구온난화에 따른 기상이변으로 식량 생산에 차질이 예상되고, 육식 문화가 확대되면서 가축의 곡물 소비량이 증가하고 있으며, 대체에너지 개발에 곡물이 대량으로 사용되기 시작하면서 곡물 가격은 더욱 상승할 것이라는 예측이 나오고 있다.● 이러한 상황에서 우리가 곡물을 직접 생산하지 않고 수입으로 충당하게 될 경우 우리나라의 식량 주권은 외국과 거대 곡물 기업에 빼앗겨 버리는 상황이 올 것이다. 따라서 식량 문제는 나라의 미래가 걸린 중대한 문제라 할 수 있다. 지금과 같은 상황이 지속될 경우 우리나라의 기아 인구 현황이 FAO 보고서에 포함되지 않을 것이라고 그 누가 장담할 수 있을까?

● 대체에너지의 하나인 바이오 연료는 옥수수, 콩 등을 이용해 만든다. 미국과 유럽이 앞장서서 개발하고 있는 바이오 연료는 식량 부족과 곡물 가격 급등을 불러올 가능성이 크다. 국제 구호 단체 옥스팜(Oxfam)은 바이오 연료로 인한 식량 가격 상승으로 3000만 명의 인구가 빈곤에 처할 것이라고 예상했다.

# 같은 도시 속 두 개의 공간



도시 내부의 지역 분화 현상을 일으키는 요소로 접근성, 지대, 주민의 사회·경제적 특성, 정책적 요인 등이 있다. 이러한 요인에 의해 도시 내부는 공업 지역, 상업 지역, 주거 지역 등으로 분화된다. 그중에서 주거 지역은 우리가 일상생활을 하는 가장 중요한 곳으로 사람들의 가치관, 행동, 태도에 커다란 영향을 미치는 곳이다.

## 사회적 양극화가 공간의 분리를 가져오다

근대 이전에는 타고나는 신분에 따라서 사람의 거주지가 결정되었다.
그러나 산업화 이후 현재까지 사람의 거주지를 결정하는 가장 중요한
요소는 경제력이다. 어느 동네에 사는가 하는 것이 그 사람의 경제적
지위를 나타내 주는 지표가 되는 것이다. 자연스레 거주지와 거주지
사이에는 보이지 않는 벽이 생기면서 같은 하늘 아래 살아도 전혀 소
통하지 않고 같은 서비스를 공유할 수 없게 되었다.

　자본주의 사회에서 이러한 현상은 어찌 보면 피할 수 없는 것이지
만, 최근에는 이러한 거주지 분리 또는 거주지 격리 현상이 사회적 양

■ **구룡 마을** 강남구 포이동
에 있는 쪽방촌이다. 뒤로 타
워팰리스가 보인다.

극화 현상과 더불어 더욱 극명하게 나타나면서 여러 사회적 문제가 발생하고 있다.

앞쪽 사진에 보이는, 우리나라에서 가장 비싼 주거지의 대명사인 타워팰리스와 그 아래 판자촌의 모습은 현재 우리나라에서 진행되고 있는 사회 양극화 현상을 극명하게 보여 준다고 할 수 있다.

## 피라미드 구조에서 모래시계 구조로

사회계층의 양극화 현상이란 중산층의 비율이 줄어들고 빈곤층 비율이 증가해서 사회계층 구조가 부유층과 빈곤층으로 양분되는 현상이다. 산업혁명이 일어나기 전에는 소수의 상위 계층과 다수의 하위 계층이 존재하는 피라미드형 구조였다. 농업이 중심이었기에 토지 소유 여부와 신분 제도에 따라 소수의 엘리트층과 다수의 피지배층으로 이루어진 전통 사회였다. 산업혁명을 거치면서 신분이나 토지 소유 여부보다는 자본이나 기술을 가진 이들이 새로운 중간 계층으로 성장하게 되었고 이는 사회계층 구성을 다이아몬드형 구조로 바꾸어 놓았다.

그러나 최근 들어 세계화·정보화가 진행됨에 따라 산업구조가 급격히 변하고 있다. 대규모 제조업이 쇠퇴하고 첨단 기술 산업 및 서비스 산업이 발전하고 있는 것이다. 이로 인해 전통적 제조업 종사자가 쇠퇴하는 대신, 전문 기술을 갖고 첨단 산업에 종사하는 소수의 고소득 계층이 나타났다. 소위 우리가 골드 칼라(Gold Collar)라고 부르는 사람들이 여기에 해당한다. 또한 기업들은 첨단 기술과 설비가 늘어나면서 정규직의 규모를 줄이고 임시직·일용직·비정규직을 크게 늘리고 있다. 이러한 산업구조의 변화에 따라 과거의 중간 계층은 몰락하게 되고, 소득 및 부의 불평등이 심화되어 간다. 사회 양극화 현상이 극단적으로 나타나게 되면 사회계층 구조는 상위계층과 하위계층만이 존재하는 모래시계 모양으로 변화한다.

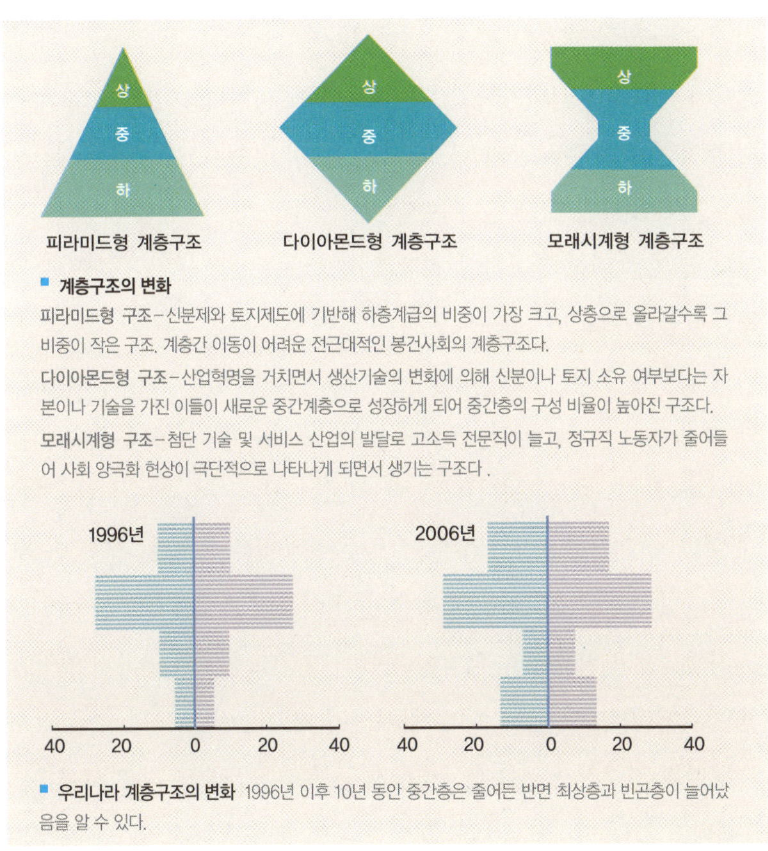



■ **계층구조의 변화**
**피라미드형 구조** – 신분제와 토지제도에 기반해 하층계급의 비중이 가장 크고, 상층으로 올라갈수록 그 비중이 작은 구조. 계층간 이동이 어려운 전근대적인 봉건사회의 계층구조다.
**다이아몬드형 구조** – 산업혁명을 거치면서 생산기술의 변화에 의해 신분이나 토지 소유 여부보다는 자본이나 기술을 가진 이들이 새로운 중간계층으로 성장하게 되어 중간층의 구성 비율이 높아진 구조다.
**모래시계형 구조** – 첨단 기술 및 서비스 산업의 발달로 고소득 전문직이 늘고, 정규직 노동자가 줄어들어 사회 양극화 현상이 극단적으로 나타나게 되면서 생기는 구조다 .

■ **우리나라 계층구조의 변화** 1996년 이후 10년 동안 중간층은 줄어든 반면 최상층과 빈곤층이 늘어났음을 알 수 있다.

이러한 변화는 우리나라에서도 시작되어 1996년과 2006년 두 시기에 상류층은 20.08%에서 25.34%로, 빈곤층은 11.19%에서 20.05%로 증가한 반면, 중간층(중상, 중하계층)은 68.73%에서 54.61%로 크게 감소했다.

## 공간적 분리가 사회적 양극화를 더욱 심화

앞에서 사회적 양극화가 공간상에 뚜렷하게 나타나고 있음을 알려 주는 것이 거주지 분리, 거주지 격리 현상이라고 했다. 특정 사회집단의 거주 지역이 다른 집단의 거주 지역과 공간적으로 떨어져서 형성되는 결과다. 이는 단순히 공간상 경계를 설정하는 것을 넘어 공간적 불평등까지 불러온다.

이사를 가게 되는 경우 사람들은 새로 거주할 집뿐 아니라 집 주변의 환경도 고려하게 된다. 주위에 좋은 학교나 병원, 공원 등이 있는 곳을 좋아하고 혐오 시설이나 위험 시설이 있는 곳을 꺼려한다. 그러나 모든 사람들이 환경이 좋은 곳에서 사는 것은 아니다. 경제적으로 여유가 있는 사람들은 좋은 환경을 찾아 이동이 가능하지만 그렇지 않은 사람들은 주변 환경이 열악한 곳에서 그대로 살아가거나 더 열악한 곳으로 이동하기도 한다. 이렇게 시간이 계속 흐르다 보면 결국 경제력에 따라 거주지가 더욱더 뚜렷하게 구분된다. 그러면 각종 시설들은 구매력이 있는 지역으로 더욱 모이게 되어 부유한 계층의 주거지에는

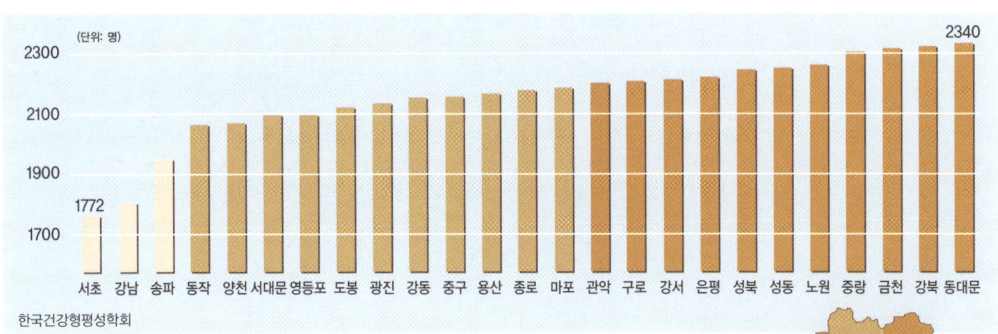



각종 상업·서비스 시설이 증가하지만, 그렇지
않은 지역에서는 기존에 있던 시설마저도 사라
지게 된다. 즉 사는 곳에 따라 이용할 수 있는
서비스의 질이 달라지고 이는 곧 삶의 질의 차이
로 연결되는 것이다.



■ 2000~2004년 서울시
구별 10만 명당 성/연령 표
준화 사망률

그래프를 보면 같은 서울에서도 사는 곳에 따라
질병과 사고 등으로 사망할 위험률의 차이가 많이 나는 것을
알 수 있다. 서울의 구별 표준화 사망률●을 보면 강남 지역이 강북 지
역보다 사망률이 훨씬 낮음을 확인할 수 있다. 이렇게 지역에 따라 사
망률이 큰 차이를 보이는 이유로 의료 서비스를 이용할 수 있는 경제
력, 건강에 대한 관심과 관리 능력을 들 수 있다. 이러한 개인적인 차
이와 더불어, 생활 지역의 환경 상태, 의료 시설 분포 같은 사회적 차
이도 큰 원인이 된다. 의료 서비스의 혜택이 미치는 공간적 범위는 한
정되어 있다. 따라서 의료 시설이 공간적으로 불균등하게 분포되어 있
을 경우 의료 서비스의 혜택 지역도 불균등할 수밖에 없는 것이다.

● 표준화 사망률
각 지역의 성과 연령 분포가
동일하다고 가정했을 때의
사망률.

| | 아파트 평당 가격<br>(2006년 4월)<br>(만 원) | 서울대 합격자<br>(2005년)<br>(명) |
|---|---|---|
| 강남구 | 2985 | 25.4 |
| 서초구 | 2297 | 23.5 |
| 송파구 | 2184 | 13.2 |
| 양천구 | 1794 | 11.5 |
| 금천구 | 708 | 4.6 |
| 동대문구 | 850 | 4.0 |
| 구로구 | 814 | 3.8 |
| 중랑구 | 688 | 3.7 |
| | | 금융연구원 |

이러한 거주지 분리 현상과 그에 따른 서비스의 차이는 비단 우리나라만의 이야기는 아니다. 서구 사회의 경우에는 계층에 따른 거주지 분리 현상이 인종·민족 문제와 결합되어 나타나기도 한다. 시장 원리에 의한 의료 보급 시스템을 가지고 있는 미국이나 호주 같은 나라에서는 의료의 질과 접근성에 있어 지역 간에 엄청난 차이가 있다.

일반적으로 병원의 공간적 배치는 도시 내부의 상업적 계층구조를 따르고 있어 도시 중심에는 의료 시설이 지나치게 많은 데 반해 교외, 특히 가난한 이민자들이나 노동자들이 거주하는 곳에는 의료 시설이 부족하다. 심지어 무상 의료 시스템인 국가건강서비스(NHS)●로 모든 국민의 건강을 관리하는 영국에서도 도시 내 일반 개인 병원의 입지 현황을 보면, 그 분포가 양극화되고 지역화된 패턴을 갖고 있다. 이는 소득이 높은 사람들이 모여 사는 지역에 병원을 내야 개인 부담 환자로부터 가외의 진료비를 받을 가능성이 높기 때문이다. 실제로 2004년 말 현재 강남구의 1만 명당 의사 수는 47.47명인데 비해 강북구는 8.6명에 불과하다.

의료 서비스뿐만이 아니다 서울의 경우 갖가지 생활 기반 시설이 강남 지역에 더 잘 구축되어 있다. 서울 지하철 전체 148개 역 중 36개 역이 소위 '강남 3구'라 일컬어지는 송파·강남·서초구를 통과한다. 문화·복지 시설 또한 이 지역에 집중되어 있는데, 서울시에 있는 501개의 공연 시설 중 103개가 강남에 있다(2005년 통계). 강북에서 이전한 명문 고등학교가 많이 있고, 유명 사설 학원까지 즐비해 교육 환경도 좋다. 누구나 이 지역에 살고 싶을 것이다.

그러나 살고자 하는 사람에 비해 공간은 제한적이고 부족하다. 따라서 좋은 공간을 두고 서로 경쟁하게 되어, 좋은 공간은 더욱더 높은 지가와 지대를 형성하게 된다. 결국 지가나 지대에 대해 지불 능력이 있는 부유한 사람들이 좋은 공간을 점유하게 되는 것이다.

많은 돈을 지불하고 들어온 사람들은 자신이 지불한 비용만큼 또는 그 이상의 가치를 얻기 위해 자신들의 공간을 지키려고 한다. 자신들의 공간에 다른 사람들이 쉽게 들어오지 못하도록 눈에 보이는(아파트 출입 통제 시스템) 또는 눈에 보이지 않는(높은 지대와 지가) 경계를 설정함으로써 부유한 자신들을 다른 사람들로부터 분리시키려 하는 것이다. 이러한 진입 장벽을 쌓음으로써 부유한 사람들은 좋은 공간을 독

■ **게이트키퍼** 고급 아파트 입구에는 외부의 출입을 통제하는 게이트키퍼(gatekeeper)가 있다.

점하게 되고, 공간적으로 양극화가 뚜렷해지게 되는 결과를 낳는다.

공간적 양극화는 좋은 공간에 대한 사람들의 선호를 더욱 증가시키고 특정 지역의 가치를 더욱 높이게 된다. 이 현상은 좋은 공간에 살고 있는 사람들의 재산 가치를 상승시키게 되어 결과적으로 빈익빈 부익부의 악순환을 더욱 촉진하게 되는 것이다. 공간적 분리가 사회적 양극화를 심화시키고, 양극화된 사회계층들은 서로 다른 주거 지역을 형성해서 사회적으로 공간적으로 문화적으로 분리되면서 한 도시 내에 서로 다른 모습을 지닌 두 개의 공간을 형성한다. 결국 '어느 곳에 살고 있느냐' 하는 것은 단순한 주거의 문제가 아니라 취업, 건강, 적절한 생활 조건 등을 결정하는 중요한 요인이 된다.


## 양극화를 넘어서

사회적 양극화에 따른 거주지 분리 현상은 각종 자원에 접근할 수 있는 기회의 불균등을 초래해 한 지역을 주류 사회로부터 단절시킬 수도 있다. 또한 사는 곳을 기준으로 거주민의 특성을 판단하게 해서 사회·경제적 지위가 열악한 지역 사람들에 대해서는 사회적으로 부정적인 낙인을 발생시킨다. 이렇게 부여된 낙인은 사회적 편견과 차별을 강화하기도 한다.

거주지에 따른 사회적 편견으로 인한 문제는 이미 2005년 프랑스 소요 사태에서도 드러났다. 빈곤과 인종 문제가 결합되어 있는 방리유

(도시 외곽 지역) 사람들에 대한 사회적 편견과 차별이 소요 사태를 불러온 것이다.

거주 지역에 대한 차별이 심화되면 사회구조와 사회 응집력이 파괴되어 사회 통합이 어려워진다. 서울시는 강남북 격차를 줄이기 위해 도심 재개발 사업, 뉴타운 사업 등을 실시하고 있다. 환경이 열악한 지역 주민들의 생활 여건을 개선할 수 있도록 노후화된 주거 환경을 정



## 프랑스 방리유 소요 사태

프랑스의 방리유 지역은 도시 외곽 지역을 일컫는 말로 주로 아프리카 출신 이민자들과 그 가족이 살고 있는 곳이다.

주민 대부분은 성냥갑 같은 공영주택에 살고 있으며, 이곳의 실업률은 프랑스 전체(8%)의 2배 이상인 20%에 이른다. 빈곤한 가정에서 태어나 프랑스 사회의 차별과 배제의 벽에 막혀 범죄의 나락으로 빠져드는 젊은이들이 많은 데 불법 체류자도 많아 경찰의 무차별 불심검문이 흔하다.

방리유의 소요 사태는 2005년 경찰의 불심검문을 피해 달아나던 10대 소년 2명이 감전사한 일이 직접적 계기가 되었다. 경찰은 절도 사건을 수사하던 중 검문을 하려 했을 뿐이라고 했지만, 당일 주변 지역에서 절도 사건이 없었던 것으로 밝혀지면서 분노한 방리유 젊은이들이 거리로 뛰쳐나왔다. 사르코지 당시 내무 장관의 "쓰레기들을 진공청소기로 쓸어버리겠다"라는 발언은 이들의 분노에 기름을 부은 격이 되었고, 소요 사태는 3주 동안 계속되었다.

특정 지역과 그 주민들에 대한 사회적 편견과 차별이 그 원인이었다는 점에서 우리 사회에도 시사해 주는 것이 많은 사건이라 할 수 있다.

비하고, 도로와 각종 공공시설물(공원, 도서관, 복지시설 등)을 확충함으로써 주거지 양극화 현상을 완화하고자 하는 것이다. 그러나 이와 같은 대책은 해당 지역의 지가 상승을 불러와 기존에 살던 주민들이 다른 곳으로 이주를 하는 부작용을 낳으며, 각종 논란에 휩싸여 있다.

정부에서도 재개발 아파트 단지에 임대 아파트를 의무적으로 조성하도록 하는 법률을 제정했지만, 임대 아파트 주민들에 대한 물리적·심리적 차별은 여전하다.

단순히 물리적 환경이 좋지 않아 주민들의 생활이 열악해지는 것이라기보다는 주민들의 생활이 낙후되었기에 물리적 환경이 낙후되어 가는 것이다. 따라서 물리적 생활 환경을 개선하는 것보다 중요한 것은 빈곤이 되물림되지 않도록 사회적 구조를 개선하는 것과, 열악한 사회·경제적 배경을 가진 주민들에 대한 사회복지다.

특히 교육, 의료, 주거 등 사회생활에서 반드시 필요한 것들에 대한 기본적 보장이 우선되어야 한다. 이와 같은 대책은 경제적·물리적 보조와, 각 부문별로 공공성을 강화하는 근본적 작업이 함께 이루어져야 한다. 교육의 경우 교육비 지원을 확대하면서 사교육 없이 공교육만으로도 상급 학교에 진학할 수 있도록 입시 제도가 개편되어야 하며, 의료의 경우 공공 병원과 건강보험을 확대시키고, 장기적으로는 유럽 같은 무상 의료 시스템의 도입을 검토하는 것도 한 방법일 것이다. 또한 저렴한 공공 주택 보급을 늘리고, 현지 주민을 위한 지역개발을 해야 한다. 그렇지 않으면 아무리 지역개발을 한다 해도 기존 주민은 또다시 낙후 지역으로 밀려나고, 개발의 혜택은 부유한 타 지역 사람들에

**용산 참사 현장** 2009년 2월 용산에서는 서울시의 일방적 재개발에 항의하던 세입자들과 경찰이 충돌해 총 6명이 사망한 사건이 일어났다. 이 사건은 무분별한 지역 개발이 만들어 낸 대표적 사례다.

게 돌아갈 것이다.

정부의 다양한 정책과 더불어 각자의 마음에 있는 마음의 장벽을 허무는 것도 필요하다. 사람을 사는 곳이나 사는 지역, 즉 경제적 배경에 따라 판단하지 않고, 그 자체로 바라보아야 한다. 물론 아주 오랜 시간이 걸리는 일이며, 사회 모두가 함께 힘을 모아야 하는 일이기도 하다. 그러나 아무리 많은 시간과 노력이 필요하더라도 모든 국민의 행복과 사회의 안정을 위해 반드시 해야 하는 일이다.

3장

인간과 환경의
공존을 꿈꾸며

# 필요한 운하와 필요 없는 운하



'지속 가능한 발전', '지속 가능한 개발'은 당장의 개발 이익을 이유로 환경을 파괴하지 않으면서도 장기적으로는 경제적인 성장을 창출해 내는 것을 의미한다. 눈앞의 이득만을 추구했던 과거 모습에서 벗어나 이제라도 미래를 내다볼 수 있게 된 건 아주 다행스런 일이다. 그렇다면 우리 사회를 뜨겁게 달구고 있는 한반도대운하는 과연 지속 가능한 개발이라고 할 수 있을까? 과거 우리 조상들이 시도했던 가적운하 개발과 한번 비교해 보자.

# 지역을 망친 지역개발

지리학의 목적 중 하나는 지역과 지역의 차이를 규명해서 서로 이해와 소통의 폭을 넓히는 것이다. 따라서 지역개발은 지리학에서 다루는 아주 중요한 주제다. 지역개발은 일정한 지역을 대상으로 지역 내·지역 간 불균등을 해소하고 균형 발전을 이루는 것을 목적으로 한다. 그것은 그 지역이 가지고 있는 자연적·인문적 자원을 의도적으로 바람직한 방향으로 변화시키는 과정이라고 할 수 있다.

그러나 모든 지역개발이 좋은 결과를 가져오는 것은 아니다. 중앙정부나 지방정부 차원에서 시행하고 있는 각종 개발 때문에 우리나라 곳곳은 심각한 후유증에 시달리고 있다. 지금도 수도권의 과밀과 농어촌 지역의 공동화로 시작된 지역 문제가 산더미처럼 쌓여 있다. 이제 와서 신행정수도, 혁신도시, 기업도시 등의 건설을 추진하면서 수도권에 집중된 인구와 기능을 분산시키기 위해 노력하고 있지만, 개발에서 소외된 농어촌은 이미 회복할 수 없는 상황에 처했다.

삶의 주체는 인구인데, 인구의 노령화와 과소화로 인해 농어촌에 필요한 지역개발은 오로지 병원이며, 농촌의 유망 산업은 장례식장이라는 웃지 못할 이야기까지 나오고 있다. 미궁에 빠질 때는 역사에서 교훈과 지혜를 얻고는 한다. 지역개발이라는 미명하에 국토가 난도질당하고 있는 지금, 과거에는 이와 유사한 일이 없었는지, 잘 알려지지 않은 역사의 현장 가적운하로 가 보자.

# 조선 조정의 동맥, 조운 제도

먼저 가적운하를 이해하기 위해서는 선조들의 경제활동을 이해해야 한다. 혈액순환이 잘 되어야 우리 몸이 건강하듯, 한 국가 내에서도 각 지방의 생산물이 활발하게 유통되어야 경제가 건강하다. 지금은 세금을 화폐로 거두지만 화폐경제가 발달하기 이전에는 대부분 현물로 거두었다. 그런데 한번 거두어들인 현물을 서울로 올리는 것은 쉽지 않은 문제였다. 현물 중에서 특히 중요한 것이 곡물이어서, 농민에게 징수한 세곡(稅穀)을 서울로 효과적으로 운송하기 위한 다양한 방법이 강구되었다. 크게 두 가지 방법이 있었는데 하나는 육로를 이용하는 방법이고, 다른 하나는 수로를 이용하는 방법이었다.

세곡 운송은 거리, 운송량, 노동력, 비용, 안전성 등이 종합적으로 계산되어야만 했다. 육로 운송의 경우 말이나 소에 실을 수 있는 양이 너무 적었을 뿐만 아니라 운송 시간도 너무 많이 걸려 효과적인 방법이 아니었다. 반면 물길을 이용할 경우에는 비록 배가 침몰할 우려가 있긴 했지만, 큰 배를 이용하기 때문에 수송량이나 노동력, 비용, 시간 등에 있어서 육로보다 이점이 많았다.

산지가 많은 우리나라는 예로부터 땅보다는 강과 바다를 이용한 운송이 발달했다. 500여 년씩 한반도를 경영했던 고려와 조선이 수도를 각각 예성강과 한강 근방에 두었던 것도 세금의 원활한 수송을 위해서였다. 조선을 건국한 이성계가 급하게 새 수도를 물색하고 있을 때, 한양을 도읍지로 추천한 조준은 "사방으로 통하는 거리가 고르며 배와 수레가 통할 수 있으니 영구히 도읍으로 정하는 것이 하늘과 백성의 뜻에 합치된다"고 했다. 태조 이성계도 "개성인들 어찌 부족함이 있겠는가마는 이곳 한양의 형세를 보니 과연 왕도(王都)가 될 만하다. 특히 조운하는 배가 통하고 사방의 거리도 고르니 백성들이 편리할 것이다"고 했다. 이것은 당시 도읍지를 결정하는 데 있어서 조운이 가장 중요한 요건이었음을 보여 주는 것이다.

조선 시대에는 가을에 수확한 곡물을 강물이 얼고 유량이 감소하는 겨울을 피해 따뜻한 봄에 옮겼다. 징수한 곡물은 겨울 동안 적환지●에 보관하게 되는데 이 보관 장소를 조창이라고 했다. 충주의 가흥창(덕흥창), 원주의 흥원창, 춘천의 소양강창은 내륙에 있었지만 한강의 하운을 이용했기에 결과적으로 모든 조창은 선박 이용이 목적이었다. 고려와 조선은 전국에 10개의 조창을 운영했는데 그중 3개가 전라도 해안에 위치하고 있어 당시에도 전라도가 우리나라의 곡창지대였다는 것을 알 수 있다. 조창에 모인 모든 곡물은 마지막으로 서울 광흥창에 모이게 되는데, 바로 서울 지하철 6호선 광흥창역 부근이다.

■ 조선 시대의 조운 경로

● 적환지
짐을 중간에 옮겨 싣는 곳.

# 500년을 씨름하다 포기한 가적운하

중앙집권국가 고려와 조선에게, 조창을 설치하고 조선(漕船)과 조군(漕軍)을 확보해 조운을 활성화하는 것은 국가 운영에 매우 중대한 일이었다. 따라서 이를 위한 세심한 제도적 장치를 마련했다. 그러나 연례행사와 같이 일어나는 조운선의 사고는 국가 재정상의 손실은 말할 것도 없고, 민간에게도 큰 피해를 주었다. 애써 거두어들인 백성의 피땀이 도적이나 관리들의 농간으로 사라지기도 했고, 태풍과 같은 자연의 거대한 힘에 의해 허무하게 물속에 수장되기도 했다. 이렇게 사라져 간 세금은 해당 지방에서 다시 걷기도 하고, 운반업자나 해당 지방 관찰사가 책임지기도 했다.

또한 고려 말에서 조선 초까지는 왜구들까지 준동해 이 시기 조운 제도는 사실상 와해되었다. 조선 초에 복구된 조운 제도는 왜구를 피해 낙동강과 한강을 이용했다. 몇 해 전부터 정치권에서 이야기되고 있는 한반도대운하 사업 중 경부운하의 옛 방식쯤으로, 경상도의 곡물을 낙동강을 이용해서 선산이나 상주까지 가져온 뒤 문경새재를 넘어 충주에서 다시 남한강을 이용하는 경로였다. 하지만 이것은 근본적인 해결책이 되지 못했다. 곡창지대는 호남이지 영남이 아니었고, 바다를 이용하는 선박은 보통 1000석을 실을 수 있었으나 내륙을 이용하는 선박은 200석이 고작이었기 때문이다. 그러나 왜구의 준동을 잠재우고 재개된 서해안 조운로는 자연재해가 심했다. 조선 태조에서 세조 때까지 60년 동안 안흥량*에서 선박 200여 척이 깨지거나 침몰해 1200명이 숨지고 쌀 1만 5800섬을 잃은 것으로 기록되어 있으며, 안면도에는 침몰된 조운선의 쌀이 조차에 의해 떠 밀려와 쌓이기도 했다고 한다.

이런 문제를 근본적으로 해결하기 위해서는 안흥량을 우회해야 했는데, 항해 기술이 발달하지 못한 당시로는 외해로 나가는 것보다는 태안반도를 관통하는 방식을 택해 운하 건설을 시도하게 된다. 이를 지금은 가적운하라고 하지만 당대엔 '굴포'라고 불렀다. 여기서 굴포란 우리가 상식적으로 알고 있는 일반적인 포구를 일컫는 것이 아니고

● 안흥량
고려~조선 시대 태안 앞바다의 명칭.

■ 가적운하 위치

● 굴포는 조선 시대에 운하의 일반적 명칭이었다. 가적운하 이외에 인천에서 발원해서 부천시와 김포시를 지나 한강으로 유입되는 굴포천도 있다. 이 굴포천도 조선 시대에 운하를 굴착했던 곳으로 현재는 하천이다.

운하의 개척지를 말하는 것이다. 굴포(가적운하)는 서해안 태안반도에 만입하는 가로림만과 천수만을 연결하는 약 3km에 달하는 협소한 지협에 만들려던 운하다. 이곳은 충남 서산시 어송리와 태안군 인평리의 경계에 있는 골짜기로 하천의 침식작용을 통해 생긴 것이었다. 이 굴포운하를 현재는 가적운하라 부른다. 이는 가로림만의 '가'와 예전 천수만에서 더 들이긴 곳에 위치하어 운하의 시작 부분이었던 적돌만의 '적'을 따와서 가적운하라 부르게 된 것이다.

1134년 고려 조정은 3km만 뚫으면 될 것이라 생각하고 작업에 들어갔다. 그러나 두 번에 걸친 시도에서 모두 실패하게 된다. 이 국가적 사업은 다시 조선 3대 임금인 태종이 1412년부터 다시 시도하지만 1669년 결국 포기하고 만다.

이유는 간단하다. 바로 당대의 토목 기술이 자연환경을 극복하지 못했기 때문이다. 건설할 운하의 길이는 짧았지만, 오랜 침식으로 낮아진 주변 기반암이 단단한 화강암이었던 것이다. 또 어렵게 깎고 뚫은 곳을 조류가 시샘하듯, 자고 일어나면 다시 메워 버리니 어찌할 도리가 없었다.

아직도 그곳에 가면 재미있는 지명이 있는데 바로 신털이봉이다. 당시 일했던 일꾼들이 휴식 시간에, 갯벌에 범벅된 짚신을 털면서 만들어진 봉우리란다. 당대의 기술 수준을 단적으로 보여 주는 이야기다.

이 국가적인 사업은 많은 역량을 투입하고도 결국 실패로 끝났다.

그래도 미련이 남았던지 조선 조정은 사업을 완전히 포기하지 않았다. 대안으로 선택한 것이 운하 굴착 구간의 양안에 조창을 설치하고 육로로 운송을 하는 설창육륜(設倉陸輪)이었다. 조창은 대부분 교통 요지에 자리 잡았다. 특히 굴포운하 터에 자리 잡는 것이 가장 유리했으며 실제로 천수만과 가로림만의 해로를 따라 조운로와 연결되는 많은 창들이 위치했다. 그러나 설창육륜도 옮겨 싣는 과정에서 발생하는 인건비, 보관비 등 각종 비용의 증가로 많은 부작용이 발생해 실패로 끝났다. 이 흔적은 굴포운하 터 주변에 '창(倉)'자가 붙은 지명으로 상당수 남아 있다. 조창과 관련하여 발생·발달해 현재까지 지명에 흔적이 남아 있는 창 촌락은 고창포, 창촌, 사창리, 사창개, 해창, 북창, 상창, 창대, 안북창, 창평, 수풍창, 창포, 하창, 남창, 창리, 창말, 창촌, 창기리, 서창 등이다.

또 다른 대안으로 그 당시까지 육지의 돌출부로 남아 있었던 안면갑(岬)을 굴착해서 섬으로 만들어 최소한의 안전한 거리를 확보하는 것이었다. 1638년 조선은 당시까지 반도였던 안면도에 운하를

■ **가적운하 자리** 충남 서산에서 찍은 가적운하의 흔적이다. 위 사진은 북쪽 가로림만 방향이고, 아래 사진은 남쪽 천수만 방향이다. 위 사진에서 보이는 언덕만 넘으면 바로 바다와 연결된다.

파낸 뒤 섬으로 만들어 버렸다. 그러나 안면도가 천연의 방파제 역할을 했을지라도 다시 안흥량을 통과하는 위험 부담은 고스란히 남아 있었다.

잘 알려지지 않았지만 우리 조상들은 가적운하 이외에도 다양한 토목공사를 해 왔다. 넓은 간석지를 메워 땅을 넓힌 강화도, 교동도, 석모도 등이 있고, 여름철의 집중호우로 인한 피해를 막고 물을 풍부하게 이용하기 위해 만든 저수지와 제언보(堤堰堡) 등의 수리시설이 있다. 이런 것만 봐도 우리 조상들은 자연에 대해 그리 무지하지는 않았지만 결과적으로 가저운하 건설은 자연의 큰 힘 앞에 무릎을 꿇었다.

## 국토의 심장을 가르는 경부운하의 허와 실

운하 수송의 장점은 예나 지금이나 육로 수송에 비해 저렴하게 대량 운송이 가능하다는 것이다. 운하를 통해 화물을 나르면 그만큼 육상 교통의 부담을 덜게 된다. 그렇게 된다면 물류비용도 줄어들 것이며 시간도 단축되어 지역 간 이동이 수월해질 것이다. 또 거대한 국책 사업의 진행 과정에서 파생되는 새로운 일자리와 지역개발 사업은 지역 발전에 새로운 동력을 제공할 수도 있다.

하지만 지금까지 경험에서 보면 지역개발이 언제나 장밋빛 결과만 가져온 것은 아니었다. 특히 운하 사업은 다양한 자연조건을 고려해야 하는데 우리나라의 경우에는 여러 제약 조건이 있다.

　　먼저 산지가 많은 우리나라의 지형적 특성이다. 백두대간을 관통해서 운하를 연결할 경우 터널이나 갑문을 건설하는 데 엄청난 비용과 시간이 들 것이다. 중국 남북 교류에 중요한 역할을 담당한 대운하는 양쯔 강과 황허 강이라는 대하천의 퇴적 지형과 구하도●를 연결했고, 수상도시로 유명한 베네치아의 운하는 포 강(Po River) 삼각주 전면을 매립해 그야말로 물 위에 도시와 운하를 만든 경우며, 정부가 벤치마킹하고 싶어 하는 서유럽의 운하는 빙하에 의해 침식되거나 퇴적된 지형에 건설한 경우로 우리와 판이하게 다른 지형적 특징을 보이고 있다.

그곳들은 모두 건설 비용이 저렴했고, 환경과 생태계에 큰 부담을 주지 않았다.

다음으로 우리나라 기후의 특징이다. 다른 지역에 비해 운하가 분담하는 수송량이 상대적으로 높은 곳은 강수의 편의율<sup>●</sup>이 낮고, 기온의 연교차가 적은 서유럽 정도다. 그런 서유럽에 비해 우리나라는 강수 편의율이 높고, 기온의 연교차가 커 하천 바닥이 드러나거나 결빙되는 시기가 있다. 한강의 평균 하상계수는 1 : 370(라인 강의 하상계수는 8)이다. 이 수치의 의미는 하천의 유량이 가장 적을 때를 1로 봤을 때 가장 많을 때가 370이라는 것이다. 유량이 풍부한 여름철에아 유조선의 운항도 가능하겠지만 갈수기에 접어드는 결빙기나 봄철에는 유량이 적어 나룻배도 운항하기 힘들다.

셋째는 우리나라는 3면이 바다이고 국토 면적이 협소하다는 것이다. 대량 수송의 장점을 충분히 살린다면 육상교통 수송량보다 몇백배의 효과가 있는 선박을 이용해 바다로 둘러싸여 있다는 이점을 충분히 살리면 된다. 부산에서 인천까지 바닷길을 이용할 경우 내륙 운하를 이용하는 것보다 더 빠르게 대량 수송이 가능하다. 분단으로 인해 막혀 있는 한강 하구의 안전만 남북이 보장한다면 한강 하류를 통한 운송도 가능하다. 현재의 기술이나 선박의 규모는 가적운하를 필요로 했던 시기와는 하늘과 땅 차이다.

마지막으로 현대사회는 다품종 소량 생산·지식 기반의 포스트포디즘<sup>●</sup> 사회라는 점이다. 현대 물류는 대량 운송보다 빠른 운송을 원한다. 주문한 물건이 4~5일 후에 도착하는 걸 좋아하는 이는 없을 것이

■ **낙동강의 갈수기와 홍수기** 장마철이 있는 우리나라 기후의 특성 때문에 하천의 유량은 갈수기와 홍수기의 차이가 크다.

다. 수요자가 외면하는 한 경쟁력은 없다. 지금은 KTX로 2시간이면 서울에서 부산까지 갈 수 있는 세상이다.

## 바람직한 개발을 찾아서

박정희 정부는 취약한 정치적 기반을 만회하고 대중적 인기를 얻기 위해 다양한 지역개발을 펼쳤다. 성공한 개발도 있지만 그 이면에서 발생하는 지역 간 격차로 국토의 불균형 발전과 인구의 집중, 도시의 과밀화를 가져왔다. 지난번 참여정부도 지역 균형 발전을 기치로 행정수도 건설, 공공기관 지방 이전, 혁신도시·기업도시 건설로 수도권 수요 분산을 위한 지역개발을 펼쳤다. 하지만 온 국토를 투기 지역으로 만

■ **4대 강 정비 사업** 2008년 12월 29일 시작된 '4대 강 정비 사업'은, 사회 각계각층의 반대에 직면한 '한반도대운하' 건설을 포장만 바꾸어 시행하는 것이라는 비판을 받고 있다.

들어 참여정부가 선보인 다양한 정책들의 성과를 가려 버리는 결과를 가져왔다.

　일단 시작해 놓고 보자는 막가파식의 개발지상주의 시대는 지나갔다. 4차 국토종합계획에서 '개발'이라는 단어가 빠진 것은 개발과 환경 보전을 동시에 추구하겠다는 의지의 표현이다. 개발의 이면에 따라오는 자연에 대한 부담은 지금 세대에도 불평등과 양극화를 낳았고, 앞으로는 후손이 펼쳐 갈 다양한 국토 이용을 가로막는 결과로 이어질 것이다.

　여러 가지 상황에도 경부운하 건설을 강행한다면 필시 다른 목적이 있을 것이다. 건축자재 준설로 인한 생태계 파괴, 반복되는 집중호우에 따른 주기적인 유지·보수 비용 발생, 지역개발의 이름으로 화려하게 포장되어 남발되는 선심성 공약 등이 후대에 부담을 주는 속사정이 빤히 보인다. 자연환경은 후대에게 잠시 임대해서 쓰는 것이다. 후손의 것을 임대해 쓰면서 마구잡이로 손상시켜 돌려주는 것은 염치없는 짓이다. 지속 가능한 개발의 의미가 더욱 돋보이는 시기다. 우리만 사용하고 말 자연환경이 아니라는 것을 명심한 신중하고 조심성 있는 국토 개발을 기대해 본다.

# 전통 마을의 친환경 마인드



촌락의 입지와 가옥 양식은 기본적으로 그 지역의 기후와 지형 등 자연조건을 반영한다. 이는 전통 마을에서 더욱 두드러지며 우리나라의 경우, '배산임수'가 촌락과 가옥의 입지를 결정지었다. 하지만 이 원칙이 얼마나 많은 과학적 원리와 친환경적 지혜를 담고 있는지 알고 있는 사람은 많지 않을 것이다. 전통 마을의 입지와 구조를 통해 오늘날 절실해진 환경친화적 아이디어를 배워 보자.

## 지속 가능한 개발은 어디에?

언제부터인가 '환경친화', '친환경', '지속 가능'이란 말이 이 시대의 중요한 화두로 등장하고 있다. 하지만 이러한 유행이 우리가 살고 있는 도시와 취락에서는 예외인 듯하다. 산과 숲을 밀어내고 들어서는 택지 지구와 신도시들, 주변 경관을 무시한 채 우후죽순 들어서는 아파트 단지들, 허무하게 철거되는 한옥들…….

환경친화적이고 지속 가능한 발전은 자연과 조화를 이루어 서로 공존하는 것을 말한다. 이를 위해서는 자연을 파괴하지 않고 있는 그대로 이용해야 하고, 인간 행동의 결과로 배출되는 오염 물질을 최소화해 최대한 정화해서 내보내야 한다. 인간 생활에 필요한 화석연료 사용을 최소화하고 효율적으로 사용해야 하며 재생 가능한 에너지를 이용해야 한다. 이러한 노력이 여러 부문에서 이루어져야 함에도 불구하고 우리의 주거 공간에서는 간과되고 있는 것이 현실이다.

1970년대 초 새마을 운동이 시작되면서 근대화란 이름 아래 우리의 전통 가옥은 파괴되기 시작했다. 시골집 지붕을 이루던 초가와 너와가 사라지고 슬레이트와 양철이 그 자리를 대신했으며, 아예 콘크리트로 덮어 버린 곳도 있었다. 우리와 다른 기후, 다른 지형 조건에서 만들어진 집을 편리하다는 이유만으로 큰 고민 없이 도입한 것이다. 그리고 1980년대 이후 들불처럼 번진 우리의 아파트 문화는 도시와 촌락의 모습을 반환경적이고 반자연적으로 바꾸어 갔다. 자연과 조화롭게 들어서 있던 마을들은 모두 해체되고 삐죽이 들어선 아파트로 대체되었다. 지금 이 순간에도 새 아파트들이 더 높이, 더 빽빽하게 들어서고 있다.


## 친환경적 지혜의 보고 전통 가옥

과거 우리 선조들이 살았던 집과 마을은 그렇게 파괴해 버리기에는 너무도 많은 친환경적 지혜를 담고 있었다. 자연환경을 보호하고 에너지와 자원의 절약을 도모한 것은 물론, 자연과 인간이 공존하면서 살아갈 공간으로서의 가치를 추구했다. 과연 전통 가옥에는 어떠한 지혜가 숨겨져 있을까?

시인 김용택은 〈섬진강 이야기〉에서 자신의 마을을 이렇게 소개했다.

> 뒤에는 긴 산이 있고 그 산을 따라 마을이 길게 자리 잡고 있다. 마을 앞에는 논과 밭이 있는데 밭 바로 밖에는 넓은 강변이다.

이는 우리가 흔히 보던 시골 마을의 풍경이다. 우리의 전통 마을이 들어서 있는 곳들은 대부분 산이 있고 물이 흐른다. 더 정확히 말하면 산을 뒤로 하고 물에 인접한 곳이다. 이를 한자로 표현한 것이 배산임수(背山臨水)며 이는 풍수지리에서 말하는 명당의 위치와도 일맥상통한다. 마을 뒤의 주산과 마을 앞의 안산, 좌청룡·우백호로 둘러싸인 분지 모양의 땅에 개천이 돌아나가면서 이와 반대 방향에서 흘러오던 하

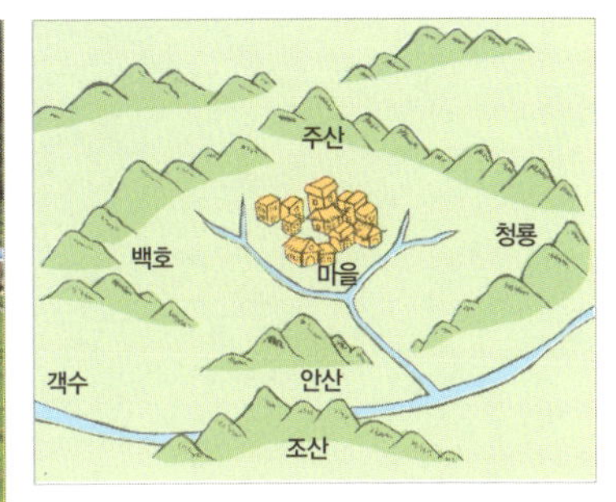


- **배산임수 지형**(왼쪽) 우리 전통 마을은 위와 같이 배산 임수에 기초한다. 사진은 전남 나주시 안창동.

- **풍수지리에서의 명당** 산으로 둘러싸인 분지에 물이 흐르고 있다.

천과 만나는 물의 흐름을 중시했다.

배산임수와 풍수지리에 기초한 우리의 전통 마을에는 우리가 미처 알아차리지 못한 심오한 친환경적 계산이 숨어 있다. 이를 에너지 효율 측면과 수자원 이용 측면, 자연 정화의 측면, 자원을 순환하고 생태계의 다양성을 보존하는 측면으로 나누어 살펴보자.

## 에너지 효율을 높이는 지혜

산지가 많은 우리나라의 지형 조건과 물을 많이 사용하는 벼농사 문화에서 땔감을 쉽게 구하고 물을 가까이 둘 수 있는 최적의 마을 입지는 배산임수였다. 마을 뒷산에서는 땔감을 구하기 쉬웠고 마을 앞을 흐르는 하천에서는 물을 구하기 쉬웠던 것이다. 더구나 대부분 둥그스름하고 완만한 우리나라의 산은 물을 천천히 흘려보내기 때문에 물길이 구불거리며 길게 이어진다. 이 때문에 마을이 산기슭에 입지할 경우 물을 이용할 수 있는 기회가 많아진다. 물을 얻을 기회를 더 늘리기 위해 마을 입구에 연못이나 마을 숲을 조성해서 물이 마을 밖으로 빠져나가는 속도를 더 늦추기도 했다.

배산임수의 입지는 풍수에서 말하는 장풍득수(藏風得水)의 효과다. '장풍'이란 바람을 갈무리해 인간에게 이롭게 순화시키는 것을 말하는데, 무조건 바람을 막거나 피하는 것과는 다르다. 인간에게 해가 되는 바람을 피하면서도 공기의 흐름이 잘 이루어지노록 하는 것이다. 바람이 거쳐야 할 자연적·인공적 장애물을 두어 스스로 속도를 늦추게 하되 정체되지는 않게 한다. 장풍에 효과적인 지형이 곧 명당이며 이는 배산임수 지형일 수밖에 없다.

우리나라의 주된 바람은 겨울의 북서풍과 여름의 남동풍 혹은 남서풍이다. 따라서 우리 조상들은 이러한 바람 방향을 고려해 겨울의 매서운 북서풍을 막아 줄 수 있도록 북서쪽으로는 산이 있고, 여름 남동풍이 불어 들어올 수 있도록 남동쪽이 틔어 있는 지역에 마을을 잡았다. 북서쪽의 산은 바람막이 역할을 하며, 이를 넘어온 바람이라도 마을 뒤 숲을 지나면서 흩어지고 약해진다. 그리고 마을 앞에도 숲을 두어 덥고 습한 바람이 숲을 지나며 열과 습기를 빼앗긴 후 마을에 도달하도록 했다. 이는 겨울 추위를 감소시키고 여름 무더움을 덜어 주는 효과를 가져온다. 또한 남동쪽은 태양에너지를 가장 많이 받을 수 있는 방향이다. 겨울에 되도록 길게 햇빛을 받도록 해 태양열을 최대한

이용하게 했으며 전깃불이 없던 시절 최대한 늦게까지 채광의 효과를 얻을 수 있도록 했다.

집 앞마당을 텅 비워 두는 것도 자연을 이용하는 슬기로운 방법이었다. 마당에 잎이 무성한 큰 나무를 심으면 어둠이 빨리 올 뿐 아니라 여름 장마철에 습기가 많아지기 때문에 에너지 효율이 떨어진다. 우리의 전통 가옥은 뒷산 – 뒷숲 – 가옥 – 마당으로 이어지는데 텅 빈 마당은 여름의 뜨거운 태양 아래 한껏 달구어진다. 반면에 뒷숲과 뒷산의 공기는 5~6℃ 정도 낮은 서늘함을 유지한다. 이때 마당에서 달구어진 공기는 상승하게 되고 그 빈자리를 집 뒤의 서늘한 공기가 이동해

**자연 바람을 이용하는 원리** 마당의 달구어진 공기는 상승하고, 뒷숲의 서늘한 바람이 대청마루를 통해 이동하게 된다.

채우게 된다. 즉 선풍기를 틀지 않아도 시원한 바람이 집을 관통하는 것이다. 이것이 바로 대청마루가 시원한 원리다. 여기에 뒷산-뒷숲-가옥-마당의 순서로 경사를 낮게 하고 문을 일직선으로 배치함으로써 그 효과를 더욱 극대화시켰다. 자연을 자연스럽게 이용하고 에너지 효율을 높이는 이러한 지혜는 과학적일 뿐 아니라 우리가 미처 깨닫지 못한 부분까지 고려하고 있다.

## 수자원을 효과적으로 이용하는 지혜

'마을'이란 같은 물을 쓰는 사람들이 모여 사는 곳을 의미한다. 동(洞)이라는 행정구역은 우리나라에서만 사용하는 것으로 '물(水)을 같이(同) 사용한다'는 의미다. 즉 하나의 유역이 하나의 동이 되는 것이다. 물을 같이 쓰면서 물을 긷기 위해, 농사짓는 물을 대기 위해 서로 만나면서 말도 비슷해지고 풍습도 비슷해지기 때문이다. 같은 물줄기를 강조하는 모습은 우리의 전통적인 산줄기 체계에서도 엿볼 수 있다. 대간, 정맥, 정간으로 나누어지는 산줄기는 곧 물길을 나누는 분수령이고 분수령으로 나누어진 하나의 유역 안에 마을이 들어서 있다. 분수령은 유역의 경계이자 생활권의 경계이며 생태계의 경계였던 것이다.

　하나의 유역에 마을이 들어서는 것은, 그 지역이 배산임수의 분지형 지형이기 때문이다. 천수답•에 의존하던 상황에서 물을 얻고 관리하기에 이상적인 입지라고 볼 수 있다. 산에서 흘러내린 빗물은 실개천을 만들며 서로 모인다. 실개천이 모여 개천을 만들고 개천은 하천으로 흘러간다. 완만한 경사면을 흐르기 때문에 그 흐름의 속도는 느리다. 우리 조상들은 그 중간에 수로를 만들어 물이 마을 전체를 돌아 흐르면서 좀 더 오래 머물게 했고, 연못을 만들어 물을 한 번 더 저장하는 지혜를 발휘했다. 마을 입구에 있는 연못은 아름다운 풍경을 제공하기도 하지만, 장마나 홍수 시에는 물을 담아 두어 피해를 줄였고, 가뭄에는 마을에 물을 공급하는 역할을 했다. 또한 여름에는 연못 위를 지나는 더운 바람의 기온을 떨어뜨려 시원한 바람을 공급하는 데 도움을 주었다.



## 오염 물질을 자연정화시키는 지혜

낙안읍성• 입구에는 5개의 연못이 있다. 연못을 5개나 둔 이유는 무엇일까? 앞에서 말한 연못의 역할 외에 더 깊은 뜻이 숨어 있다. 마을의 수로를 돌아 나온 생활용수는 첫 번째 연못에 모인다. 이곳에는 미나리, 창포, 연꽃 등의 수생식물이 자라고 있다. 이 수생식물들은 생활용수에 섞여 있는 유기물질을 80%까지 제거하고 부영양화의 원인이 되는 질소와 인 등을 40~60%까지 제거한다고 한다. 이곳에서 정화된

■ **낙안읍성의 물 흐름** 수로로 흘러든 물은 연못을 거치며 정화된 뒤에 논으로 향한다.

생활용수는 두 번째, 세 번째, 네 번째, 다섯 번째 연못을 차례로 지나면서 더욱 정화되어 깨끗해진 뒤 논으로 흘러드는 것이다.

마을을 돌아 나오는 수로는 집과 집을 이어 주기 때문에 윗집에서 더럽히면 아랫집이 피해를 본다. 따라서 마을 사람들은 아랫집을 배려해 최대한 깨끗하게 사용했다. 또한 물은 수로를 흐르는 동안 일부 쓰레기가 걸러지며, 수로의 바닥을 덮고 있는 잡초와 이끼를 통해 또 한 번 정화가 이루어진다.

## 자원을 순환시키고 생태계의 다양성을 보존하는 지혜

뒷산 – 뒷숲 – 마을 – 논으로 이어지는 전통 마을의 배치는 자원을 순환시키고 다양한 생물이 존재할 수 있는 터전을 만든다.

분지 형태의 지형으로 인해 긴 세월 배후 산지에서 흘러내린 점토나 유기물질, 기타 영양소는 경사면을 흘러내려 마을을 지나 낮은 곳에 있는 논으로 모여든다. 이는 경작지를 자연스레 비옥하게 만든다. 그리고 초가지붕과 두엄 더미의 영양 성분도 빗물에 씻겨 마을을 지나 논으로 모여든다. 초가지붕은 생물이 살기에 습기와 온도가 적당해 각종 미생물과 굼벵이, 거미, 지네 등이 살았다. 초가지붕의 짚은 미생물의 활동에 의해 썩게 되며 질산염, 인산염 등의 비료 성분으로 변하게 된다. 그렇게 해서 생긴 비료 성분들은 빗물을 타고 논으로 이동한다. 비옥해진 논에서는 벼가 잘 자라게 되고 그 볏짚으로 다시 초가를 만들고 두엄을 만든다.

뒷산과 뒷숲에 사는 나무와 동물, 수로 주변에 사는 키 작은 식물과 곤충, 집 둘레 나무 울타리에 사는 곤충, 마을 앞 연못에 사는 수생식물과 곤충, 초가지붕 속에 사는 미생물 등 다양한 식물과 동물이 인간과 더불어 살아가는 공간이 바로 우리의 전통 마을이다. 나무와 풀은 낙엽과 푸성귀를 제공하고 그것은 곤충의 먹이가 되며 곤충은 새들과 네발 달린 동물의 먹이가 된다. 동물의 배설물은 다시 풀과 나무를 자라게 하는 영양소가 되고 토양에도 영양분을 공급해 농사에 도움을 준다. 자연스러운 순환과 협동의 과정이다. 뒷산, 마을, 논 사이에서 에너지와 영양분의 흐름이 자연스럽게 이루어지며 자원이 낭비되지 않고 순환되고 있던 것이다.

■ 다양한 식물이 살고 있는
낙안읍성 수로 주변

# 우리 조상의 친환경 마인드를 배우자!

우리 조상들에게 집과 마을은 자연을 이용하는 동시에 자연과 더불어 살아가는 지혜의 공간이었다. 자연과 인간이 조화를 이룰 수 있는 장소를 선택해서 부족한 점은 채워 나가고 넘치는 부분은 줄여 나가는 지혜를 발휘한 곳이다.

그러나 시멘트로 바뀐 지붕과 담에서는 더 이상 동물과 식물이 살지 않는다. 자연의 바람을 고려하지 않은 마을 입지, 가옥의 배치·구조는 겨울을 더 춥게, 여름을 더 덥게 만들었다. 이는 곧 난방비와 냉방비의 증가를 불러왔고 석유와 석탄 같은 화석연료의 사용을 증가시켰다. 자원은 더 이상 순환되지 않으며 환경오염은 해가 갈수록 심해지고 있다. 인류의 생존을 위협할지도 모르는 환경문제와 에너지 문제, 이를 해결하기 위한 아이디어를 전통 마을에서 찾아보는 것은 어떨까? 전통 가옥의 장점을 무시한 서양식 건축물의 무분별한 도입에 대해 반성의 기회를 갖고, 우리 조상들의 친환경 마인드를 한 수 배워 보자.

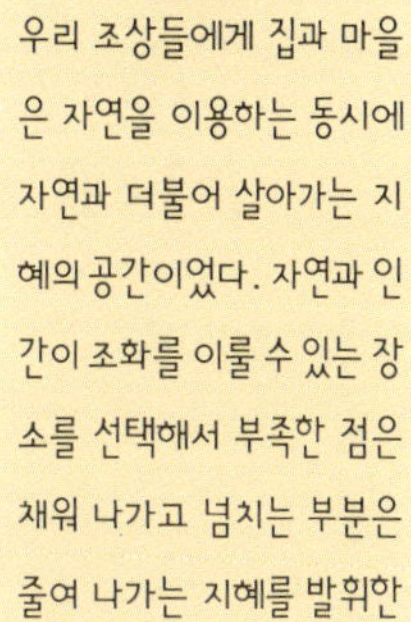

# 도시에 바람을 불러 웰빙을 꿈꾼다



자연과 사람은 서로 영향을 주고받는다. 어느 한쪽이 나빠지면 다른 쪽도 같이 나빠지고, 한쪽이 좋아지면 다른 쪽도 좋아진다. 둘은 보완의 관계이기도 하다. 어느 한쪽이 나빠지면 다른 쪽에서 도움을 받을 수 있다. 자연과 사람이 조화를 이루고 화합하는 장소일수록 살기 좋은 거주지가 된다. 그러나 오늘날 우리의 대표적 삶터인 도시는 둘의 관계가 원만하지 못해 많은 문제가 나타난다. 이 문제를 해결할 수 있는 방법이 무엇인지 알아보자.

## 도시인은 숨 막히다

우리나라 사람 10명 중 9명은 도시에 살고 있다. 하지만 도시가 사람 살기에 좋은 것만은 아니다. 대부분의 도시인들은 숨 막히는 하루하루를 보내고 있다. 여름이면 강렬한 햇빛과 대기오염 물질의 반응으로 발생한 '오존' 그리고 자연 발생적인 열에, 인간이 만들어 낸 인공 열까지 더해진 '폭염'과 '열대야'로 숨을 쉬기가 어렵다. 겨울에도 난방장치나 자동차에서 발생한 막대한 인공 열과 열을 저장하는 오염 물질이 결합해 도시를 '열섬'●으로 만들고 있다. 뿐만 아니라 봄, 가을에는 중국으로부터 대기오염 물질과 중금속까지 포함한 '황사'가 불어와 도시인들의 1년 나기를 더욱 어렵게 하고 있다. 탁하고 답답한 도시 속에서 시들어 가는 도시민을 어떻게 구할 수 있을까?

● 열섬
도시에서 발생하는 막대한 인공 열, 열을 저장하는 대기 오염 물질, 인공 열을 품고 있는 아스팔트와 콘크리트 건물 등으로 대기가 가열되어 주변 지역보다 기온이 높아지는 현상이다. 주로 난방 열을 많이 사용하는 겨울철에 두드러진다.

## 바람의 도시로 웰빙을 꿈꾼다

"신은 자연을 만들고 인간은 도시를 만든다"는 말이 있다. 이처럼 도시는 인간이 만들어 낸 가장 탁월한 작품이다. 그러나 오늘날 도시는 사람들을 고달프게 하고 있다. 점점 시들어 가는 도시민들에게 생기를 불어넣기 위해서는 도시의 숨통을 터야 한다. 그래서 인공 열과 대기오염 물질로 탁해진 공기를 내보내고 신선한 공기를 공급해 주어야 한다. 도시는 지금 공기를 순환시킬 바람이 필요하다.

우리는 공기의 이동을 '바람'이라고 부른다. 하늘에서의 바람은 자유롭게 움직이지만 인간이 터를 잡고 살아가는 땅에서는 그렇지 못하다. 땅 위에는 바람을 막는 장애물이 많기 때문에 바람은 일정한 길을 따라 불게 된다. 하지만 인간은 도시의 편리성과 경제적 효율성만을

## Tip 도시인을 숨 막히게 하는 기상특보

●**오존** 성층권의 오존은 자외선을 차단해 지구의 생물을 보호하지만, 대류권에 생기는 오존은 호흡기 질환, 두통, 시력 상애 등을 유발한다. 오존은 햇빛과 대기 오염 물질이 광화학 반응을 해서 생기기 때문에 일조량이 많은 여름철, 하루 중에는 오후 2~5시 사이에 가장 높게 나타난다. 우리나라에서는 1995년부터 대기오염의 심각성을 일깨우기 위해 '오존 경보제'를 도입했다. 오존 농도가 시간당 0.12ppm 이상일 때는 오존주의보가, 0.3ppm 이상일 때는 오존경보가 발령된다.

●**폭염** 여름철 무더위로 인해 사람들이 받은 열적 스트레스를 지수화한 '열 지수'와 '일 최고기온'을 활용한 것이다. 폭염주의보는 일 최고기온이 33℃ 이상이고, 열 지수가 최고 32℃ 이상인 상태가 2일 이상 지속될 것으로 예상될 때, 폭염경보는 일 최고 기온이 35℃ 이상이고, 열 지수가 41℃ 이상인 상태가 2일 이상 지속될 것으로 예상될 때 발표하고 있다.

●**황사** 중국, 몽골 등의 사막과 황토 지대에서 발생한 먼지가 바람을 타고 날아오는 현상이다. 기상청은 m³당 미세 먼지 농도가 400㎍ 이상이면 황사주의보를, 800㎍ 이상이면 황사경보를 발효한다. 심한 황사는 호흡기 환자에게 치명적이며, 항공·정밀 산업 등에 큰 피해를 입힌다.

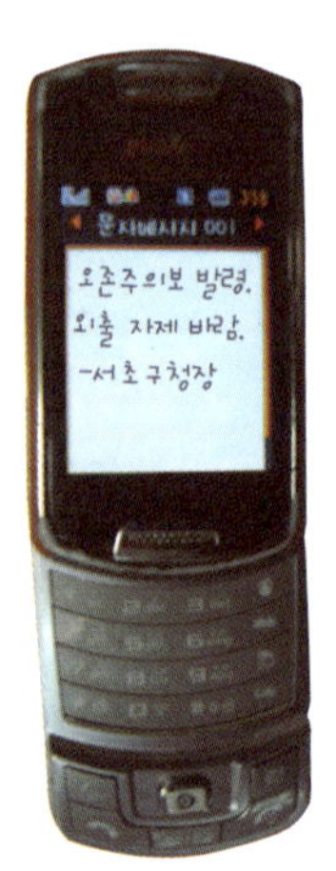


■ 오존주의보 문자메세지
현재 전국의 여러 지방자치 단체에서는 오존주의보가 발령되는 즉시 휴대폰 문자 서비스를 통해 주민들에게 알리고 있다.

중시한 나머지 바람이 지나가는 길을 파괴하거나 회색빛 건물과 검은 색의 도로들로 바람을 막아 버렸다.

문제를 해결하기 위해 열에 아홉이 사는 도시를 버리고, 시간을 되돌려 촌락 공동체로 되돌아갈 수는 없다. 그 대신 현재 도시에 나타나는 문제를 해결하고 도시가 가지고 있는 장점을 살려 '지속 가능한 도시'를 만들어야 한다.

요즘은 물질적 풍요보다는 정신적 여유와 안정을 중시하는 '웰빙 (well-being)'이 트렌드다. 인간이 땅에 발을 딛고 살아가는 이상 우리가 터를 잡고 살아가는 거주지의 웰빙부터 시작되어야 한다. 이제 바람으로 우리 삶의 터전을 웰빙 도시로 바꾸어 보자.


## 바람의 도시 슈투트가르트

독일 남서부 바덴뷔르템베르크 주의 주도인 슈투트가르트 시는 우리에게도 낯익은 자동차 회사 메르세데스 벤츠와 크라이슬러, 건설 공구 회사 보쉬 등이 있는 지역으로 '라인 강의 기적'을 일궈 내는 데 앞장선 공업 도시 중 하나다. 우리나라 도시들처럼, 3면이 산으로 둘러싸인 분지에 위치해 있어 기온역전● 같은 분지 기후의 속성이 잘 나타난다. 그에 따라 자동차나 공장 등에서 배출되는 오염 물질이 외부로 쉽게 빠져나가지 못해 슈투트가르트는 대기오염이 심각했고 도시민들의 건강도 위협받았다.

● 기온역전
지면의 온도가 급격히 낮아지면서, 고도가 높은 곳으로 올라갈수록 기온이 높아지는 현상을 말한다. 일반적으로 대류권에서는 고도가 높아질수록 기온이 낮아지지만, 야간에 지면이 복사에 의해 냉각되면서 기온역전이 발생한다. 기온역전이 발생하면 대기층의 수증기가 응결해 안개가 자주 나타나고, 공기의 순환이 일어나지 않아 대기오염이 심해진다.

　　도시 환경문제가 최대의 이슈로 떠오른 슈투트가르트 시는 이를 해
소하기 위해 노력하던 중 기온과 습도를 조절하고 공기를 순환시켜 대
기오염 물질을 날려 버릴 수 있는 것이 ‘바람’이라는 것을 알게 되었
다. 시 정부는 곧바로 ‘바람 길 프로젝트’를 수립해 실행에 옮겼다.

　　먼저 바람이 어떻게 흘러가는지를 파악하기 위해 기후 분석 지도를
작성했다. 이를 근거로 도시를 신선한 공기의 생성·수혜·이동 지역
으로 나누고, 각 지역별 특성에 맞게 관리했다. 산지, 숲, 하천, 공원
등과 같이 신선한 공기가 생성되는 지역에서는 철저한 보전 정책을 실
시해 공기 생성을 용이하게 했다. 특히 삼림에는 높은 나무를 빽빽하
게 심어 신선하고 차가운 공기가 만들어질 수 있는 공기 댐을 만들고,
모인 공기가 빠져나가 도시로 강하게 확산되도록 바람 길을 구축했다.

이를 통해 공기의 흐름이 강력하게 이루어질 수 있도록 했다.

공기가 이동하는 지역에서는 신선한 공기가 도시 내부까지 막힘없이 흐르게 하기 위해 건물 배치를 바꾸었고, 수로와 산책로 등을 통해 바람이 이동할 수 있게 했다. 심지어 바람이 흐르는 지역이라는 이유로 길이 100m가량의 연립주택 단지를 모두 헐어 버리고 호수 공원을 만든 일도 있었다고 한다. 그리고 도시 내부로 유입된 공기가 도시 전체로 확산될 수 있도록 신선한 공기의 유입부에는 공원 등을 배치했고, 건물의 간격을 일정하게 유지하도록 규제했다. 또한 냉난방 기계의 배출 장치도 바람의 확산이 잘되는 곳에 설치하도록 했다. 주차장도 콘크리트로 피복하지 않고 구멍이 있는 블록을 깔아 식물이 살 수 있도록 했으며, 지표면을 최대한 녹지로 만들어 습도를 늘 유지하도록 했다.

슈투트가르트 시의 '바람 길 프로젝트'는 도시 외곽 산지에서 발생한 시원한 공기가 자연스럽게 도시 내부까지 불어오도록 한 것이다. 그 결과 건물 밀집 지역인 도심을 시원하게 해 주었을 뿐만 아니라 공업화로 인해 발생한 대기오염 문제를 상당 부분 해결해 주었다. 오늘날 슈투트가르트는 공업 도시보다 녹색 도시로 더 유명하다. 공업 도

■ 바람 길 프로젝트 진행 과정

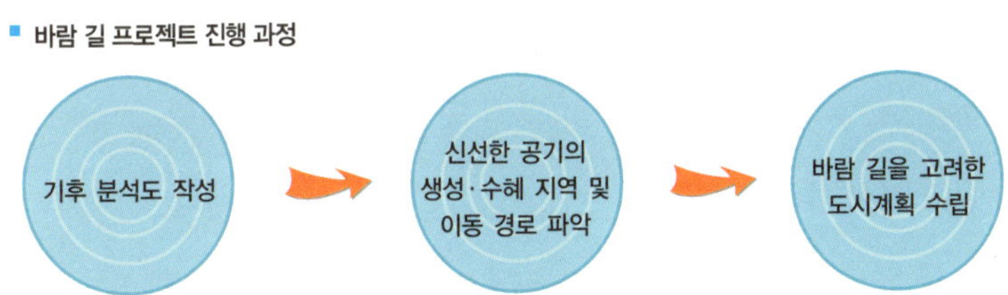

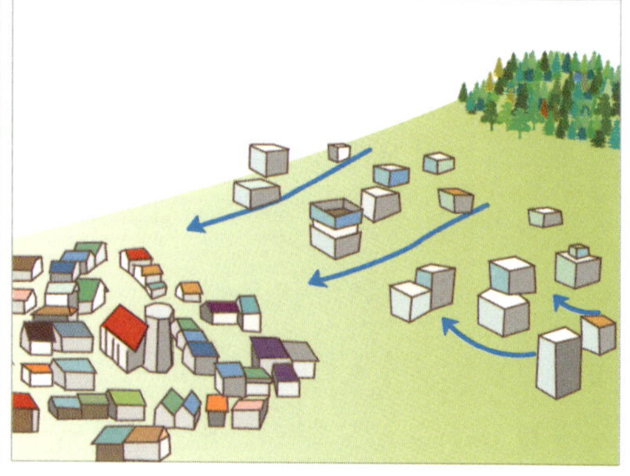



시로서 경제적인 부를 일음과 동시에 녹색 도시로서 깨끗한 환경까지도 유지하게 되었다. 도저히 잡을 수 없을 것 같은 두 마리 토끼를 모두 잡은 것이다. 지난 2005년 독일의 시사 주간지 〈포쿠스〉는 삶의 질 측면에서 가장 매력적인 도시로 뮌헨과 함께 슈투트가르트를 뽑았다. 이제 슈투트가르트는 기업들이 가장 입지하고 싶어 하는 도시이자 사람들이 가장 살고 싶어 하는 도시가 되었다.

## 우리나라 도시에 부는 '바람' 트렌드
### – 대구는 더 이상 극서지가 아니다?

대구시는 동·남·북 세 방향이 비슬산(1084m)과 팔공산(1193m) 줄기로 막힌 전형적인 분지다. 그래서 대구는 분지 기후의 특성이 그대로 나타나 다른 지역에 비해 비가 적고 건조하며, 여름은 덥고 겨울은 추워

연교차가 크다. 특히 대구는 '극서지'로 유명하다. 1942년 8월 1일에는 기온이 40℃까지 올라가 한국 최고기온을 기록한 바 있으며, 연중 일 최고기온 30℃ 이상인 날도 1971~2000년 평균 55.5일로 전국에서 가장 많다(서울 39일). 이것은 지형적인 영향으로 바다에서 몰려오는 비구름이 들어오지 못하고, 분지 내부의 복사열과 도시화로 발생한 인공 열이 밖으로 빠져나가지 못하기 때문이다. 공기가 분지 안에 갇혀 흐름이 원활하지 못하다 보니 대구 시민들은 여름마다 찜통더위와 한판 전쟁을 치러야 했으며, 잘 순환되지 못하는 공기와 대기오염 물질이 분지 안에 함께 정체되어 있어 호흡기 질환에 시달려 왔다.

극서지로서의 오명을 씻고 오염 물질과 답답함을 한 방에 날려 버리기 위해 대구에 가장 필요한 것은 '바람'이었다. 대구에 바람을 불게 하는 방법은 크게 두 가지다. 하나는 지형적인 조건을 이용해 대구를 둘러싸고 있는 산지에서 흘러 내려오는 맑고 찬 공기와 도시를 가로지르는 금호강을 따라 부는 바람을 자연스럽게 도시 안으로 흘러들게 하는 방법이다. 다른 하나는 가능한 모든 지역에 녹지를 만들고 그곳에서 생성된 시원한 공기가 인근 지역으로 확산되게 하는 것이다.

어느 방식이 되었든 바람이 흐르게 하기 위해서는 흐를 수 있는 길을 마련해야 한다. 이를 위해 대구시는 지난 1996년부터 '푸른



대구의 옛 이름은 달구벌이다. 여기서 '달구'는 우리말 고어 중 '산'에 해당하는 말이며, 벌은 순우리말로 평야, 들판을 뜻한다. 이 둘을 합한 달구벌은 '산으로 둘러싸인 들판 또는 평야'를 뜻하는 말로 지리에서 말하는 분지를 가리킨다. 그래서 분지라는 용어를 순우리말인 달구벌로 대체하자는 학자도 있었다.

대구 가꾸기 운동'을 벌이고 있다. 그중 하나가 '푸른 옥상 조성 계획'이다. 옥상 녹화 사업은 땅값이 비싼 도심에서 거액의 토지 보상 부담 없이 녹지를 확보하고 건물의 인공 열 방출도 감소시켜 대기 질을 개선할 수 있다. 두 번째는, 1천만 그루 나무 심기 운동이다. 지난 1996년부터 시작된 나무 심기의 결과 곧 대구에 자라는 나무의 수가 시민 수의 4배가 되는 1천만 그루를 넘어선다고 한다. 셋째, '담장 허물기 사업'이다. 대구시는 이웃 간 마음의 벽을 허물고 부족한 도심 내 녹지 공간을 확보하기 위해 전국 최초로 담장 허물기 사업을 벌이고 있다. 이 사업은 지난 2002년 세계환경정상회의에서 우리나라의 우수 사례로 소개되기도 했다. 최근에는 도시의 바람과 녹지를 체계적으로 관리하기 위해 '지역별 바람 길 흐름도'를 작성하고, 녹지 네트워크를 파악하고 있다.

이러한 대구시의 녹지 공간 확보를 통한 바람 길 조성 사업은 물리적 도시에서 생태 도시로 나아가기 위한 시작에 불과하지만, 이미 곳곳

■ **대구의 담장 허물기** 녹지공간을 확보하고 바람을 통하게 하기 위해 진행한 '담장 허물기 사업'은 세계환경정상회의에서 우수 사례로 소개됐다.

에서 그 효과가 나타나고 있다. 1996년 이후 전국 최고기온의 불명예는 합천, 순천, 밀양 등 타 도시에 내주었고, 2005년까지 오존주의보 발령 횟수는 18회에 불과하다.(서울 96회, 부산 22회, 인천 35회) 2001년 이후 같은 위도의 분지형 도시인 전북 전주에 비해 여름철 기온도 낮아졌다. 전 지구적인 온난화와 광복 후 계속된 도시화로 우리나라의 다른 도시들은 전반적으로 도시 환경이 악화되고 있지만 근래 대구시의 각종 환경 지표는 지속적으로 개선되고 있는 것이다.

## 우리나라 도시에 부는 '바람' 트렌드

– 웰빙 서울! 시작이 반이다

서울은 북한산, 인왕산, 도봉산, 우면산, 불암산, 관악산 등 크고 작은 수십여 개의 산이 도시를 둘러싸고 있을 뿐 아니라, 도시 내부에도 많은 구릉과 산악이 산재해 있어 기복이 심한 분지형 도시다. 이러한 자연환경의 특성상 공기의 흐름이 원활하지 못해 각종 대기오염 물질이 분산되기가 어렵다. 더욱이 서울은 전체 면적의 절반이 건물과 도로로

| 송월동(기상청 서울시 대표값) | 1908년 | 2005년 | 증감 | 연평균 증가 |
|---|---|---|---|---|
| 연평균 | 10.4 | 12.5 | 2.1 | 0.02 |
| 여름 평균(6~8월) | 23.4 | 24.4 | 1.0 | 0.01 |
| 겨울 평균 | −3.5 | −0.3 | 3.2 | 0.03 |

(단위: ℃)

기상청

■ **서울시 온도 변화 추이**
약 100년 전에 비해 연평균 기온이 2.1℃ 상승했다. 이 수치는 전 지구 평균 온도 상승 폭 0.6℃에 비해 3배 이상 높은 것이다.

덮혀 있어 인공 열로 인한 도시 열섬 현상도 심각하다. 서울의 대기는 이중고에 시달리는 셈이다.

이럴 때 바람이라도 제대로 불어 준다면 대기오염 물질과 덥고 탁한 공기가 분산되어 훨씬 맑아질 수 있을 것이다. 최근 서울시에서 '바람'에 관심을 갖게 된 것도 이 때문이다.

지난 수십 년간 무계획적인 도시화로 서울의 바람은 갈 길을 잃었다. 서울시에서 가장 큰 '바람 길'인 한강 일대의 바람 길을 분석해 본 결과는 이를 여실히 보여 주고 있다. 지상 30m의 고층 지대에서는 풍향과 풍속이 자연 비람과 별반 차이가 없었으나, 도시인들이 숨을 쉬며 살아가는 지상 1.5m 부근은 바람이 거의 없었다. 바람이 많이 약해져 무풍에 가깝고, 방향이 불규칙하고 무질서하게 분산되어 소위 '바람 장애 현상'이 나타나고 있다. 바람 장애 현상은 대규모 주거 단지가 밀집한 강남구나 고층 건물이 빽빽한 여의도에서 더더욱 심각하게 나타나고 있다. 서울을 관통하는 바람은 오직 한강의 수면 위를 따라서만 불고 있었다.



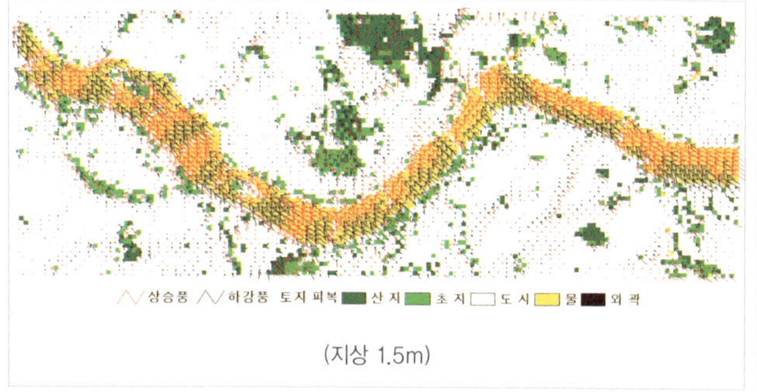


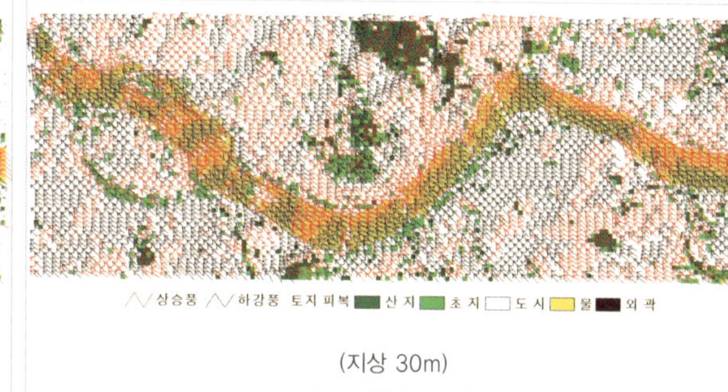

인간과 환경의 공존을 꿈꾸며

바람 길이 막힌 것은 무계획적인 도시화 과정에서 한강 양쪽에 들어선 고층 건물들이 바람의 흐름을 방해했기 때문이다. 더욱이 최근 우후죽순처럼 들어서고 있는 초고층 빌딩으로 인해 바람 장애 현상은 더욱더 심화되고 있다. 서울 외곽에서 생성되어 한강을 따라 유입된 신선한 공기가 한강 양안을 따라 빽빽하게 들어선 인공 건축물들에 막혀 버린 것이다. 한강의 바람은 한강 양안의 도시 지역으로 파급되어 대기오염 물질이나 인공 열을 환기시키지 못하고, 오직 한강을 따라서만 불고 있었다.

서울 시민들이 대기오염 주의보에 시달리지 않게 하기 위해서는 물리적 요소 중심의 도시계획 방식을 지양하고, 기후·지형·생물 등 지리 환경적 요소를 고려하는 도시계획 방식으로 전환해야 한다. 그래서 서울을 둘러싼 주변 산지 지역에서 흘러 내려와 한강과 그 지류들(중랑천, 안양천, 탄천 등)을 따라 부는 신선한 바람이 도시 내부로 유입될 수 있도록 도시 구조를 바꿔 나가야 한다.

최근 서울시는 바람 길 파악을 위한 기후 분석도 제작 계획을 발표했으며, 앞으로 완성된 지도를 인터넷에 공개해 도시민들이 자기 거주지의 대기오염도와 통풍 정도 등을 한눈에 알아볼 수 있게 할 예정이라고 했다. 또한 서울 곳곳에서 진행되고 있는 뉴타운 개발에서도 바람 길을 고려해 아파트의 층수, 간격을 조절할 예정이라고 한다. 얼마 전에는 도심 한복판을 흐르는 청계천 복원 후 도심에 바람 길이 형성되고 열섬 효과가 낮아졌다는 조사 결과도 발표되었다. 서울시의 이러한 노력이 아직은 바람의 도시를 만들기 위한 걸음마 단계에 불과하

 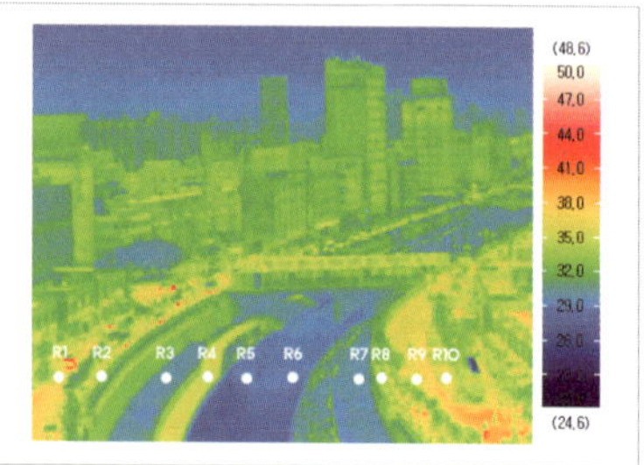

지만, 장기적인 계획을 세우고 지속적인 노력을 한다면 한층 더 깨끗한 하늘과 맑고 신선한 공기를 기대할 수 있을것이다.


## 바람이 도시를 살린다

우리나라는 국토의 70% 이상이 산지로 이루어진 산지 국가다. 그러나 스위스나 네팔과는 달리 산지가 높지 않으며 산지와 산지 사이 곳곳에 사람들이 살 만한 터전이 있다. 과거에도 그랬지만 현재에도 우리나라 사람들 대다수는 이러한 분지에 살고 있다. 전통적으로 우리나라 분지는 차가운 바람을 막고, 외적의 침입을 방어하는 데 유리했다. 산지와 평지를 동시에 갖추고 있어 농산물과 임산물을 쉽게 얻을 수 있었으며, 하천이 흘러 다른 지방과의 왕래도 편한, 살기 좋은 거주지였다.

하지만 산업화와 함께 이뤄진 급속한 도시화로 분지를 둘러싼 외곽 산지 언저리와 하천 양안까지 회색 건물과 검은색 도로가 들어섰고, 대기는 막대한 양의 인공 열과 오염 물질로 채워졌다. 그러면서 살 만한 거주지는 답답한 거주지로 변해 버렸고, 도시에 살고 있는 사람들도 꽉 막힌 환경에 점차 시들어 가고 있다. 산업화가 가져다준 물질적 풍요를 어느 정도 유지하면서 잃어버린 환경을 되살릴 수 있는 '지속 가능한 삶터'는 어떻게 만들 수 있을까?

> 산 위에서 부는 바람 서늘한 바람
>
> 그 바람은 좋은 바람 고마운 바람,
>
> 강가에서 부는 바람 시원한 사람
>
> 그 바람도 좋은 바람 고마운 바람…….

어릴 적 누구나 한 번쯤은 불러 보았을 동요의 한 구절이다. 현대를 살아가는 도시인들의 웰빙과 그들이 살고 있는 삶터의 지속 가능성을 위해 가장 필요한 것은 산바람과 강바람일지도 모른다. 도시를 둘러싸고 있는 외곽 산지에서, 도시 곳곳 언덕을 타고 내려오는 산바람과 도시를 가로지르는 하천을 따라 불어오는 강바람이 답답하고 탁한 공기를 날려 버려 도시인들을 살아 숨 쉬게 할 것이다. "바람은 바람 골을 따라 분다"는 말이 있다. 인간과 환경이 공존하는, 살 만한 도시를 만들기 위해서는 산업화와 도시화로 끊어진 바람 길을 다시 이어 주는 지혜가 필요하다.

# 그 많던 명태는 다 어디로 갔을까?



산업혁명 이후 인류는 이전에 없던 엄청난 속도의 기술적 발전을 거듭해 왔다. 그리고 그런 발전을 가져온 대부분의 기계와 교통수단에는 화석연료가 사용됐다. 화석연료를 많이 사용하는 것이 선진국의 상징이었고, 가장 대표적인 화석연료인 석유는 전 세계에서 가장 중요한 자원이 됐다. 지금 인류가 누리고 있는 풍요는 화석연료가 있었기 때문에 가능했다고 할 수 있다. 그러나 인류의 편익을 위해 사용한 에너지는 고스란히 온실가스로 변해 배출되고 있다. 이 온실가스는 자연환경을 인위적으로 바꾸어 놓으며, 곳곳에서 재앙을 불러오고 있다.

# 북으로 가는 대나무

바다보다 섬이 더 많은 바다, 다도해의 풍경이 그림처럼 펼쳐지는 완도 맞은편 강진만 고향 마을을 이따금 그려 본다. 마을 뒤편으로 야트막한 산이 있었고, 그 아래로 넓은 밭과 시원한 대나무숲이 있었다.

대나무숲은 도깨비불이 나타난다 하여 동네 아이들끼리 담력을 시험하는 장소였으며, 마을의 닭이나 토끼를 노리는 족제비, 살쾡이 등이 살고 있는 공간이기도 했다. 대나무숲 사이에서 흘러나오는 맑은 물은 훌륭한 상수원이었고, 태풍이 자주 지나가는 곳인지라 든든한 바람막이 구실도 했다.

대나무는 생활 이곳저곳에 요긴하게 사용되었다. 가을걷이가 끝나는 농한기가 되면 마을 어른들은 파릇파릇한 대나무를 잘라서 울타리를 쳤다. 잔가지로는 빗자루를 만들어 마당을 청소하거나 소잔등을 쓸어 주었다. 벗겨 낸 껍질로 대바구니를 만들었으며, 대꼬챙이를 만들어 김 만드는 발을 꽂는 데 이용하기도 했다. 길고 튼실한 대나무는 바닷가 갯벌에 꽂고 그곳에 대나무발을 걸어 두면 김이 매달려 가난한 살림에 훌륭한 부업거리가 되었다.

이렇듯 좋은 공간과 도구를 제공해 주었고, 어린 시절 추억이 서려 있는 대숲도 고향을 떠나오면서 자연스레 기억에서 멀어졌다. 대나무의 북한계선이 서해안은 태안반도 부근이고, 내륙에서는 지리산 근처로 내려왔다가 다시 동해안에서 북상해 강릉 부근까지 그어지기 때문이다. 그래서 한강 이북 중부지방에서는 대나무를 구경할 수 없었다.

그렇게 20년 전만 해도 멀리 남쪽으로 가야 볼 수 있었던 대나무를 이젠 서울에서도 심심치 않게 볼 수 있다. 그것도 온실이 아닌 노천에서 훌륭한 조경수 역할을 하고 있다. 한강 한가운데 있는 선유도 공원에 가면 풍성함과 튼튼함이 남부지방의 대나무숲 같은 느낌이 든다. 김포공항 옆 도로에는 대나무가 멋들어지게 가로수 역할을 하고 있다. 처음 심었을 때는 초라하고 앙상해서 곧 죽을 것 같았는데 지금은 튼튼하게 자라고 있어 그 생명력에 놀라곤 한다. 최근에는 평양 대동강변에서도 볼 수 있다니 대나무의 북진 속도는 보통 빠른 게 아니다.

■ 서울 선유도 공원의 대나무

# 뒤바뀌는 지역별 특화 농작물

귤화위지(橘化爲枳)라는 사자성어가 있다. 중국 양쯔 강과 황허 강 사이에 화이허 강이 있는데 친링산맥과 더불어 화중과 화북을 나누는 경계선이다. 이 강이 귤의 북한계다. 우리나라의 경우를 보면 같은 운향과 작물인데도, 기온에 따라 귤은 제주도, 유자는 고흥을 중심으로 자란다.

　이렇듯 식물들은 기후를 반영해서 자신의 적절한 성장 공간을 확보한다. 식물이 기후와 토양에 적응하면서 확산되어 가는 시간은 무척 더디다. 하지만 인간의 품종개량과 지속적인 지구온난화의 영향으로

## TIP

### 쾨펜과 식생과 기후

독일인이었던 쾨펜은 러시아에서 일한 할아버지와 아버지의 영향으로 20세까지 상트페테르부르크에서 자랐다. 그는 어린 시절 천식을 앓았는데, 이것을 치료하기 위해 흑해 연안에서 요양을 하곤 했다. 어린 쾨펜의 눈에 보이는 발트 해 연안과 흑해 연안의 식생 차이는 기후학자 집안의 영향을 받은 그에게 영감을 주어 훗날 세계의 기후 구분을 완성하게 했다. 쾨펜의 기후 구분은 식생이 지표로 활용된다. 수목 기후와 무수목 기후, 상록수림과 낙엽수림, 장초 초원과 단초 초원, 경엽수림과 조엽수림 등 다양한 식생 환경이 기후를 나타내는 지표가 된다. 기후는 한 지역에서 추상적으로 나타나지만 식생은 구체적인 관찰 대상으로 기후를 반영하고 있기 때문이다. 따라서 한 지역의 기후는 식생으로 관찰하는 것이 좋다.

식물의 북상 속도는 점점 빨라지고 있다.

한라봉은 일본에서 새롭게 품종이 개량된 운향과 작물이다. 크기, 당도, 향이 기존의 감귤이나 오렌지보다 뛰어나 제주도 감귤 농민들의 새로운 소득원으로 자리 잡았다. 하지만 요즘은 경남 거제와 전남 나주·고흥에서도 빠르게 한라봉 생산량이 증가하고 있다. 일조량이 풍부하고 시장과 접근성이 뛰어난 육지에서 한라봉 재배가 성공하자 지방자치단체에서 대대적인 지원과 홍보에 나서고 있다.

서늘한 기후와 큰 일교차를 좋아하는 사과는 대구가 주산지다. 그러나 대구는 여름 기온이 높은 지역이기에 사과 재배 중심지는 더위를 피해 영주, 안동, 문경 등 소백산맥 주변으로 이동했다. 지금은 강원도 영월, 양구까지 확대되고 있어서 머지않아 강원도가 사과 주산지로 떠오를 것으로 보인다.

추운 겨울을 이겨 내는 겉보리와 유채의 재배 지역도 북상하고 있다. 강원도에서도 겉보리가 재배되고, 한강변 구리나 낙동강 북부에서도 겨울 유채를 심어 관광객을 맞이하고 있다. 남해안에서만 자랄 줄 알았던 녹차도 강원도 고성에서 재배하고 있다니 놀랍기만 하다.

농작물은 기후에 민감하다. 특히 1년 중 서리가 내리지 않는 기간을 나타내는 무상 일수와 최한월 평균기온은 농작물의 북한계를 결정짓는 중요한 기후인자다. 그것들이 농작물의 생육 기간을 결정하기 때문이다. 최근

■ **농산물 주산지의 북상**
지구온난화와 품종개량으로 농작물의 주산지가 북상하고 있다. '보성' 하면 떠오르는 녹차는 이제 강원도에서도 재배된다.

지속적으로 기온이 상승함에 따라 1970년대부터 교과서에 실린 농작
물의 북한계 지도는 이제 무의미해져 가고 있다. 빠른 시일 내에 이에
대한 수정 작업이 진행되어야 할 것이다.


## 사라지는 명태와 오징어의 풍년

농작물뿐만 아니라 수산물에서도 많은 변화가 나타나고 있다. 우리 민
족이 좋아하는 생선 중에 명태를 빼놓을 수 없다. 명태는 싱싱한 상태
로 공급되는 생태부터 얼린 동태, 말린 북어, 얼리고 녹이고를 반복한

■ **황태 덕장** 명태는 우리나라 주변에서 쉽게 잡을 수 있는 생선이었다. 그러나 지구 온난화의 결과로 연근해 명태는 귀하신 몸이 되었다.

황태, 어린 노가리까지 일찍부터 다양한 이름과 용도로 사용된 우리 민족의 겨울철 대표 생선이었다.

이런 명태가 언제부터 귀하신 몸이 되었다. 겨울철 동해안의 크고 작은 항구는 동해에서 잡아오는 명태로 호황을 누렸지만 지금은 원양 선단이 입어료를 내고 러시아 근해인 오호츠크 해나 베링 해에서 잡아오고 있다. 당연히 가격이 올라 이제는 서민들이 자주 찾을 수 없는 생선이 되었다. 최근 각 나라들은 자국 어종의 보호를 위해 입어료를 더 올리고 있어 당분간 가격 상승은 계속될 전망이다. 한편 여름철 동해안에서 잡히는 대표적 어종인 오징어는 이제 사시사철 잡힌다. 또한 서해안에서도 많은 어획고를 올려 서민들이 즐겨 찾는 값싼 생선이 되었다.

얼마 전 강원도 고성과 속초에서 관광 산업을 진흥시키기 위해 명태 축제를 개최했지만 '명태 없는 명태 축제'라는 비난을 산 적이 있다. 요즘 겨울에 동해안에서 가장 많이 추천하는 횟감은 복어와 오징어라고 한다. 지역 주민들도 익숙하지 않는 겨울 풍경이다.

이런 변화들은 지구온난화의 영향으로 연근해 수온이 빠르게 상승하는 데 그 원인이 있는 것으로 보인다. 통계에 따르면 겨울철 동해안의 평균 수온은 1960년대에는 약 6.5℃였으나 1990년대에는 평균

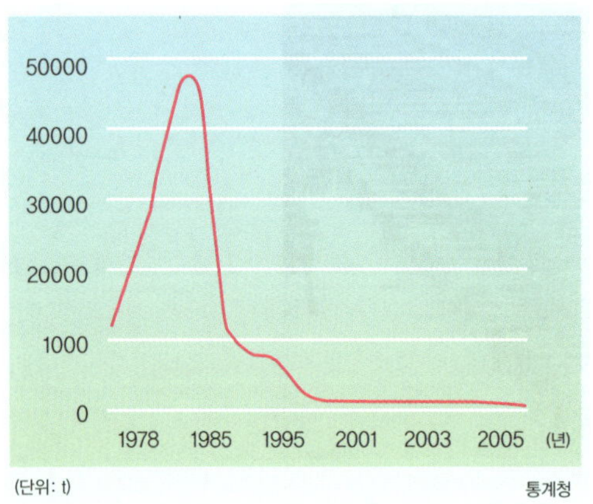

■ 연근해 명태 어획고의 변화

8℃로 상승 경향이 뚜렷했다. 이런 속도로 간다면 지금까지 겪은 것들보다 더 큰 변화가 머지 않아 우리 앞에 닥칠 것이다.

## 전 지구적인 해결 노력

지구온난화가 일으키는 변화들이 바람직한 현상이라고 생각하는 사람은 없을 것이다. 다양한 식생과 농작물 생육 환경의 변화에 따라 생산성이 높아지는 경우도 있지만, 더워지는 지구에 적응하지 못하는 생명들이 점점 늘어 가고 있다.

지구온난화 때문에 해수면이 높아지면서 갠지스 강 삼각주에 위치한 방글라데시나 라인 강 삼각주가 국토의 대부분을 차지하는 네덜란드가 긴장하고 있으며, 투발루나 몰디브 같은 산호초 국가들은 직접적인 피해에 직면해 있다. 또한 지구온난화가 심각해지면 중위도 지역에 고기압 세력이 강해져 강수량이 줄고 사막의 영향이 확대된다. 실제로 사하라사막 이남 국가들과 브라질 북부는 강수량 감소로 몸살을 앓고 있다.

지구온난화를 일으키는 가장 큰 원인은 온실가스 배출인데, 이 문제는 어느 특정한 지역이나 국가의 문제가 아니라 전 세계적인 문제다. 대부분의 선진국은 에너지 소비가 많고, 거기서 발생하는 온실가스는 국경과 지역을 넘나든다. 지표면을 가르는 국경은 대기와 대양을 막지 못한다.

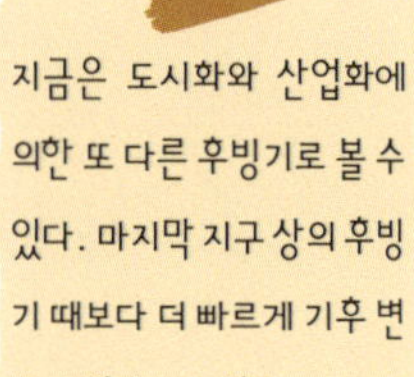


지금까지 온실가스를 다량으로 배출하고 있는 나라들은 공업화를 이룬 서유럽과 미국, 일본 등이지만 향후에는 중국, 인도, 러시아, 브라질 등 신흥공업국도 이들 못지않게 많은 온실가스를 배출할 것이다. 이에 위기감을 느낀 여러 나라들이 1992년 세계기후변화협약을 체결했고, 1997년에는 일본 교토에서 구체적 이행 방안을 다룬 '교토의정서'를 채택했다. 교토의정서의 주요 목적은 온실가스의 감축이다. 단계적인 감축 계획을 담고 있기는 하지만 각 나라들의 상황에 따라 입장 차이가 크다. EU는 수치화된 목표를 설정해서 모든 나라가 이행하기를 원하지만, 중국·브라질 등 개발도상국들은 선진국과 개발도상국의 감축 목표에 차등을 두어야 한다고 주장하고 있다. 또한 온실가스를 가장 많이 배출하는 나라인 미국은 수치화된 감축 목표를 설정하는 데 반대하다가 2001년 교토의정서를 탈퇴해 버렸다.

지금은 도시화와 산업화에 의한 또 다른 후빙기로 볼 수 있다. 마지막 지구 상의 후빙기 때보다 더 빠르게 기후 변화가 일어나고 있다. 에너지 사용을 줄이고 불편을 감수하는 개인 차원의 행동, 친환경 기술에 관심을 갖고 온실가스 유발 제품을 줄이는 기업 차원의 노력, 환경 정책의 큰 방향을 잡고 제도적 뒷받침을 하는 국가 차원의 실천이 함께 이루어져야 인류에게 닥칠 엄청난 피해를 막을 수 있다.

서울에서 대나무를 보고, 사과와 감귤을

■ 주요국 이산화탄소 배출량 비율

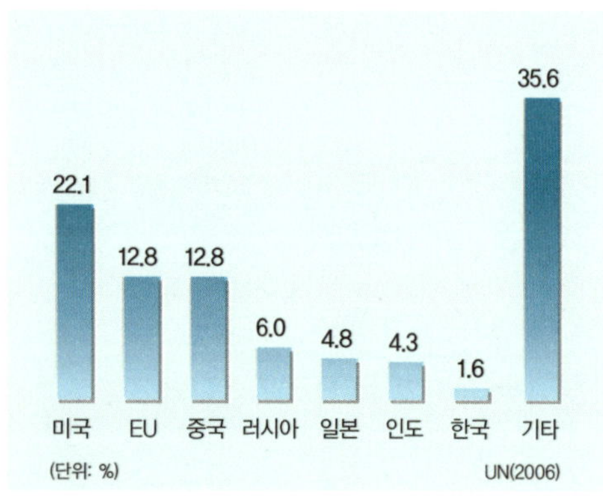

여러 곳에서 재배하고, 사시사철 오징어를 신선한 회로 먹을 수 있다
고 즐거워하기에는 그 기회비용이 너무도 크다. 우리가 살고 있는 이
지구는 후손에게 잠시 빌려온 것이라는 말이 있다. 우리 후손들도 ‘다
양한 생태 환경이 공존하는 지구’를 이용할 권리가 있다.

# 10년이 안 돼도 강산은 변한다



■ 인간이 만들어 낸 지형 변화

흔히들 "10년이면 강산이 변한다"고 한다. 강산이 변한다는 것은 지형이 바뀐다는 뜻인데, 이 변화는 자연의 움직임에 의해 일어나는 것도 있지만, 인간이 자신들의 삶을 위해 인위적으로 만드는 경우도 있다. 과거부터 현재까지 인간이 만들어 낸 지형 변화를 살펴보면서 바람직한 개발의 방향을 생각해 보자.

# 고향의 모습을 바꾼 것은?

어릴 적 다니던 초등학교는 바닷가에 있었다. 창문을 열어 놓으면 바다 냄새가 교실로 들어왔고, 운동장에 나가면 수평선이 보였다. 그런데 언젠가부터 수평선 쪽에 제방이 쌓이기 시작했다. 더 이상 학교에서는 바다가 보이지 않게 되었고 드넓었던 갯벌은 말라 죽어 갔다. 등하굣길에 지나다니던 마을은 사라지고 그 자리에 저수지가 생겼다. 저수지 물은 아랫동네와 간척지 농지에 농업용수로 이용되었다. 울창하던 뒷산은 저수지에 흙을 공급해 주다가 커다란 붉은 몸을 흉하게 드러냈고, 그 옆에는 넓은 유자 농장이 생겼다. 이렇듯 유년 시절을 보낸 마을은 10년도 안 되는 사이 많은 변화가 있었다.

지형 변화의 주 원동력은 지구 내적인 요인, 즉 조산운동과 조륙운동, 지진과 화산 등이다. 큰 지형 변화는 이런 지구 내적인 요인들에 의해 일어난다. 하천, 해양, 지하수, 바람, 빙하 등 지구 외적인 요인으로는 내적 요인에 의한 변화보다 상대적으로 규모가 작은 지형 변화가 일어난다. 외적 요인에 의한 변화로는 침식, 운반, 퇴적 등이 있다. 하지만 우리 주변에서 자연적인 현상에 따라 지형이 변화하는 것은 쉽게 관찰하기가 어렵다. 조산대에서 멀리 떨어져 있기 때문에 화산이나 지진을 경험하기 힘들며, 빙하와 사막도 보기 어렵다. 이따금 태풍이나 폭우가 내려서 하천 주변이 변하기도 하지만 물이 빠지면 다시 원래 모습으로 되돌아오는 경우가 많다.

이와 같은 자연적인 지형 변화도 중요하지만 최근에는 앞에서 소개한 것과 같은, 인간에 의한 변화도 무시할 수 없게 되었다. 도시화·산업화가 진행될수록, 인간에 의한 지형 변화의 정도는 강해지고 그 영향력도 커지고 있다. 감입곡류 하천이 더 심하게 곡류를 해서 유로가 짧아지는 것은 평생 살아가면서, 아니 자자손손 한 번도 직접 눈으로 볼 수 없는 과정이다. 하지만 한나절이면 하천의 모습을 확 바꿔 버리는, 굴삭기에 의한 하천 직강 공사는 지금도 많은 곳에서 진행되고 있다.

## 한강의 모래사장이 사라지다



조선 시대 이름을 떨친 화가 중 진경산수화●의 대가인 겸재 정선(鄭敾, 1676~1759)이 있다. 정선은 우리나라의 명승지뿐만 아니라 자신이 관리로 일했던 동네 뒷산에서 바라보는 소소한 경치를 소재로 한 산수화를 여럿 남겼다. 정선은 특히 한양에 살면서는 한양의 풍경을, 양천● 현감으로 있을 때는 한강 하류의 풍경을 그렸다. 서울 지역 한강의 풍경으로 송파나루, 동작진, 공암진(가양대교 부근), 양화진, 행주산성, 개화산 등을 그렸는데, 정선의 그림들과 현재 그곳을 비교해 보면 두 곳이 정말 같은 장소인가 하는 의심을 하게 된다.

우리나라 하천의 수위와 주위 풍경은 강수량에 따라 크게 달라진다. 이런 변화는 정선의 그림 중 〈양화진〉, 〈송파진〉, 〈압구정〉, 〈금성평사〉 등에 잘 나타나 있는데, 그중 〈양화진〉에 특히 잘 나타나 있다. 정선의 그림을 보면 수양버들이 드리워진 강변에 모래사장이 넓게 펼쳐져 있는 것이 보인다. 이런 강변의 모래사장들은 집중호우나 홍수 시, 넉넉하게 빗물을 받아 내서 하천 유역의 비 피해를 막아 냈다. 넓은 모래사장은 한강 유역에 풍부하게 분포하는 화강암에서 공급되었다. 이런 백사장은 서울 시민의 휴식처였던 뚝섬유원지에도 얼마 전까지 남아 있었지만 지금은 어디에서도 볼 수가 없다. 하천의 배후습지까지 시가지를 확장하면서 하천의 범람을 막기 위해 제방을 높게 쌓고, 강바닥에서 아파트와 각종 도시 기반 시설 건설에 사용할 모래를 마구 파낸 결과다.

선유도와 동작 나루를 그린 그림을 보면 하천의 곡류 과정에서 나타나는 침식 사면의 절벽과 퇴적 사면의 모래밭이 자연스럽게 나타난다. 이런 자연스러움이 부드러운 물길을 만들고 포구와 마을을 입지시켰다. 하천과 인간이 자연스럽게 공존하는 모습이라고 할 수 있다. 현재는 올림픽대로와 강변북로에 막혀 시민들이 마음 놓고 한강으로 접근

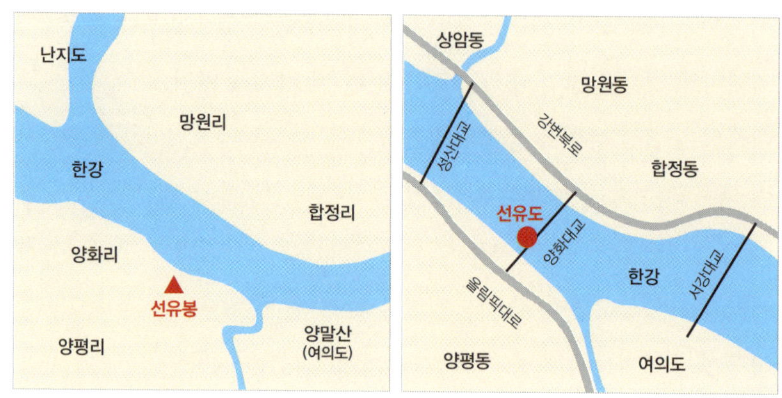



할 수 없지만 그때는 하천이 생활공간의 연장이었다.

행주산성 아래에서 어부들이 고기잡이하는 풍경을 그린 〈행호관어(杏湖觀漁)〉를 보면 지금은 볼 수 없는 어로(漁撈)의 풍경이 펼쳐진다. 세계적으로 조수 간만의 차가 크기로 유명한 경기만의 밀물과 썰물의 영향을 직접적으로 받는 한강 하류는 담수(하천)와 염수(바다)가 만나서 형성되는 기수역(汽水域)으로 다양한 어종이 분포했다. 이곳에서 잡히는 황복어는 임금에게 올리는 고양군과 양천현의 특산품이었다.

한강 하류의 조차는 평균 8m로 세계적이다. 서해에 만조가 되면 바닷물은 직접적으로 행주산성까지 미쳤으며, 강물은 광나루까지 밀렸다. 한양을 중심으로 한강을 동호, 서호, 행호라고 칭했던 것은 이렇게 조차 때문에 흐름이 달라진 한강의 모습이 넓은 호수를 방불케 했기 때문이다. 지금은 김포대교 아래 신곡수중보와 잠실대교 아래 잠실수중보 때문에 조수 간만의 차에 의해 형성되는 풍경과 어종을 행주대교 상류에서는 볼 수 없다. 분단의 그늘이 아니라면 한강에도 우리나라 다른 하천과 마찬가지로 생태계에 극단적인 영향을 주는 하구 둑이 설치되어 어로 풍경뿐 아니라 행주대교 하류의 밀썰물 구간도 사라졌을 것이다. 그러나 다행인지 불행인지 한강 하구는 군사분계선이 지나가고 있는 비무장지대라 나름대로의 기수역 풍경이 유지되고 있다.

지금 한강은 평화의 댐, 화천댐, 춘천댐, 의암댐, 청평댐, 팔당댐, 잠실수중보, 신곡수중보에 의해 철저하게 막혀서 흐름을 잃어버린 하천이 되었다. 하천은 자연의 혈관이라고 한다. 혈관이 건강해야 활력이 있고 힘이 있듯 하천도 원활한 흐름이 기본이다. 강원도 휴전선 근처의 평화의 댐부터 하류의 신곡수중보까지 한강이 흐름을 보이지 않아 걱정이다. 고여 있는 물은 썩기 마련이라는 옛 선조들의 글귀가 생각난다.


## 호미와 폭약과 중장비가 백두대간의 허리를 자르다

조선 후기 실학자 청담 이중환(李重煥, 1690~1752)은 《택리지》에 이런 구절을 남겼다.

> 수십 년 전부터 산과 들이 모두 개간되어 농사터가 되고, 마을이 서로 잇닿아 산에는 한 치 굵기의 나무도 없다. (중략) 산천은 손해가 많다. 예전에 인삼이 나는 곳은 모두 대관령 서쪽 깊은 두메였는데 산사람이 화전을 일구느라 불을 질러 인삼 산출이 점점 적게 되고, 장마 때면 산이 무너져 한강에 흘러들어, 한강이 차츰 얕아지고 있다.

이중환이 살던 조선 후기 사회는 다방면에서 변화를 겪게 된다. 이 변화의 가장 큰 원인은 조선 사대부들이 미처 예상하지 못한 임진왜란과 병자호란이었다. 양란의 영향으로 정치적으로는 왕권이 약화되고 붕당정치가 나타났으며, 경제적으로는 상업이 발달하는 한편 피폐해진 농토에서 생산력을 증대하기 위한 이앙법(모내기)이 보급되었다. 사회적으로는 공명첩과 납속책이 남발되면서 신분제도가 문란해졌고, 문화적으로는 명분에 집착해 현실 대처 능력이 떨어지는 성리학 대신 실생활에 유용한 실학이 등장했다. 이는 조선 민중이 지배계급에게만 의존하던 생활 방식에서 벗어나 스스로의 노동에 가치를 두는 자본주의적 생활 방식으로 바뀌어 가고 있음을 의미했다.

이런 변화 중에서 특히 눈여겨보아야 할 것이 농법의 변화다. 우리나라는 모내기 철인 봄에 강수량을 예측하기가 힘들다. 그러다 보니 수확량이 많고 이모작이 가능한 이앙법의 장점을 알고 있으면서도 모든 농토에 적용하지 못하고 수리안전답●에만 부분적으로 적용했다. 하지만 양란 이후 토지가 황폐화되면서 농민들이 적극적으로 수리 시설을 확충해서 이앙법을 확대·보급한다.

이처럼 이앙법이 널리 보급되자 노동력이 이전만큼 많이 필요하지 않게 되었다. 이 과정에서 이탈된 농민들은 황무지를 개간해 농지를 확보하거나, 도시·광산 등에서 근대적인 임금노동자로 살아갔으며, 산으로 들어가 화전을 일구기도 했다. 전쟁으로 이미 황폐화되어 있던 조선의 산들은 화전민에 의해 더욱더 망가지게 된다. 한 번 파괴된 삼림은 집중호우 때 토양 유실로 이어졌고, 그렇게 흘러내린 토사에 의해 강바닥이 높아져 홍수 때 하천이 범람하는 일이 잦아졌으며, 그로 인해 하천의 운송 기능은 점점 약화되어 갔다.

이처럼 화전민에 의한 미미한 변화에도 몸살을 앓은 우리 산지는 인구 증가와 산업화가 급속히 진행되는 과정에서 중장비와 폭약 앞에 큰 변화를 맞게 된다. 땔감을 위한 벌목과 토지 개간의 증가로 산지 식생이 파괴되더니 곳곳에 고속도로가 뚫려 산허리가 잘렸고, 이 길을 이용해서 산은 더욱더 개간되었다. 선선한 기후 덕에 평지와 출하 시기가 달라 높은 가격을 받을 수 있기 때문에 요즘은 고위평탄면에도 어김없이 대단위 채소밭이 들어선다. 또 적설 기간이 긴 산지의 산비탈을 할퀴며 스키장이 생기고, 각종 숙박 시설과 휴양 시설이 들어서고 있다. 몇백 년을 살아도 볼 수 없는 자연 침식에 의한 삭평형 작용을 눈앞에서 보는 행운에 환호성을 질러야 할 정도다.

우리가 살아가는 데 있어서 반드시 해야 하는 개발도 있다. 하지만 반드시 필요한 게 아님에도 여러 다른 이유들 때문에 개발이 강행된 사례도 있다. 대표적으로 강원도 정선에서 태백으로 넘어가는 일명 싸리재라고 하는 두문동재(1268m) 38번 국도와 충북 괴산에서 경북 문경으로 넘어가는 이화령 길이다. 왕복 4차선 터널이 시원스럽게 뚫린 후 굽이굽이 돌아 넘어가는 고갯길은 지나는 이 없이 방치된 상태로 있다. 이런 도로는 아스팔트만 걷어 내면 자연을 바로 되살릴 수 있다. 이런 곳이 어디 두문동재와 이화령뿐이겠는가.

해마다 되풀이되는 집중호우에 따른 인명 피해도 산지의 지형 변화가 한몫한다. 각종 개발로 맨살을 드러낸 산자락의 토사가 집중호우에

■ **토양의 침식** 집중호우가 많은 우리나라 기후에서 식생의 파괴는 토양 침식으로 나타나서 강바닥을 높이고 범람을 키운다.

맥없이 무너지면서 더 큰 피해를 가져오기 때문이다. 이런 재해의 반복을 막고자 사후 약방문 격으로 다목적댐과 사방댐을 건설할 것이 아니라 근본 원인부터 찾아서 산의 본모습을 보존해야 한다. 가장 좋은 대안이 나무를 많이 심고 자연 식생을 보존하는, 이른바 녹색댐 건설이라고 한다.

## 강화도, 대몽 항쟁이 만들어 낸 역작

한강과 예성강 초입에 있는 강화도는 지리적으로 매우 중요한 곳이다. 그렇기 때문에 역사적 흔적이 많이 남아 있다. 개성을 수도로 삼은 고려 시대 이래 강화도는 수도 방어와 세곡 운반의 전초기지 역할을 했다. 또한 몽골군과의 항쟁을 위해 강화도로 수도를 옮긴 강도(江都) 시대(1232~1270) 흔적을 볼 수 있는 고려 궁터 및 성곽 등이 있어 강화도가 외적의 침입에 따른 최적의 피난처로 기능했음을 알 수 있다. 세계적인 보물로 인정받은(1998년 유네스코 세계기록문화유산으로 지정) 팔만대장경(1236~1251년에 걸쳐 완성)의 제작이 이루어진 것도 바로 몽골이 침략했을 당시의 강도 시대였다.

피난처로서 강화도의 중요성은 조선 시대에 들어와서도 계속 이어지게 되는데, 조선 조정은 1627년 정묘호란과 1636년 병자호란 등 두

차례에 걸친 만주족의 침입에 쫓겨 강화도로 잠시 피난했다. 강화도는 4면이 바다로 둘러싸인 지리적 특징을 갖춘 천연의 요새였기 때문이다. 이후 수도 방위의 전초기지라는 역할에 걸맞게 강화도에 수많은 군사시설(성곽, 진, 보, 돈대, 포대, 봉수 등)을 축조·설치해 방비를 강화했다.

그렇다면 이런 방어 시설 말고 지형적인 변화는 없었을까? 강화도에 가면 의외로 평지가 넓은 것을 볼 수 있다. 산자락이 해안가까지 닿아 있어 평지가 상대적으로 적을 듯하지만 강화도는 1/3 이상이 해안선에서 불과 몇 미터 높은 평지로 구성되어 있다. 천연의 요새로 임시 수도 역할을 하는 동안 식량 확보를 위해 적극적으로 간척 사업을 진행한 결과다. 강화도 본섬뿐만 아니라 인접한 교동도, 석모도의 평지도 대부분 간척 사업을 통해 만들어진 것이다.

조선 시대까지 진행된 간척 사업들이 환경에 큰 부담을 주지 않고 소규모로 진행되었던 데 비해서 일제강점기부터는 대규모 간척 사업이 본격적으로 진행된다. 일본은 본국의 산업화에 따른 식량 생산의 감소를 식민지에서 충당할 목적으로 산미 증산 계획을 시행했는데, 이를 위해 호남평야의 곡창인 김제와 군산 일대에서 대대적인 간척 사업을 진행했다. 이런 흐름은 우리나라의 산업화가 절정이었던 1980년대까지 계속되었고, 여의도 면적의 140배라고 자랑하는 새만금 간척 사업까지 이어지고 있다. 그러나 쌀 생산량이 소비량을 웃도는 상황과 환경 파괴를 우려하는 목소리 때문에 더 이상 대규모 간척 사업을 하는 것은 어려워졌다. 최근에는 진도, 부안 등지에서 기존 간척지를 허

■ **강화도 간척지** 강화도는 조선 시대부터 꾸준히 간척을 해 왔다. 오른쪽 사진은 간척지에서 농사를 짓는 모습이다.

물어 갯벌로 되돌리려는 계획이 있고, 시화호는 방조제 중간을 터서 조력발전소를 건설하고 있다. 왜 개발주의자들은 갯벌이 버려진 땅이라고 생각할까? 미래 세대는 갯벌에서 더 많은 생산성을 얻고 더 다양한 여가를 보낼 수도 있는데 말이다.

## 무지막지한 인간의 욕망과 그 폐해

2008년 우리는 '환경 올림픽'이라고 일컬어지는 람사르 당사국 총회를 개최했다. 우리나라는 1971년 출범한 국제적인 습지 보호 협약인 람사르 협약에 1997년에 가입했고, 가입한 지 10년 만에 큰 대회를 개최했다며 호들갑을 떨었다. 우리에게도 세계가 부러워할 습지가 있었다. 서해와 남해에 펼쳐진 갯벌이 있었고, 고구마 줄기처럼 낙동강에 붙어 있는 우포늪 이외에도 수많은 습지들이 있었다. 그러나 개발이라는 미명하에 수많은 습지가 사라졌으니, 보호할 것을 없애 버린 채 습지를 보호하자는 국제 행사를 개최한 꼴이다. 뒤늦게나마 지속 가능한 개발과 환경 보존을 생각한 것도 다행이라고 위로 삼아야 할 것 같다.

자연은 수천만 년 아니 수억 년을 두고 우주의 원리에 따라 스스로를 조각해 왔다. 인간은 그런 자연을 무시하고 무지막지한 욕망의 명령에 따라 지형을 변화시켰다. 인간에게 꼭 필요하다며 각종 개발을 진행하고 있지만, 하천 유역의 특성을 무시하고 쌓은 제방의 붕괴로 더 많은 피해를 불러왔으며, 전력 생산·용수 공급·홍수 예방을 목적으로 지은 다목적댐은 기후 변화와 생태계 차단을 가져왔다. 멋지게 스키를 타는 눈 덮인 슬로프도 눈이 없는 기간에는 식생이 없이 방치된 채, 집중호우에 무방비 상태가 되어 토사가 그대로 유출된다. 스키장보다 더 넓은 고랭지 채소밭도 한철 경작을 위해 크나큰 희생을 감수하고 있다. 가장 깨끗해야 할 하천 상류는 개발로 인한 농경과 각종 시설에서 배출되는 화학비료, 농약, 폐수 등에 오염되어 가고 있다.

과거 그리고 지금까지 우리는 섣부르고 근시안적인 개발 정책으로 자연을 파괴해 엄청난 사회적·경제적 대가를 치르고 있다. 돈으로 계산할 수 없는 아름다운 자연을 잃어버린 채 옛 그림 속에서나 확인할 뿐이다. 지금부터라도 우리 자연환경, 생태적 자원의 가치에 대한 재인식을 통해 자연과 더불어 살아가는 법을 찾아내야 할 것이다.

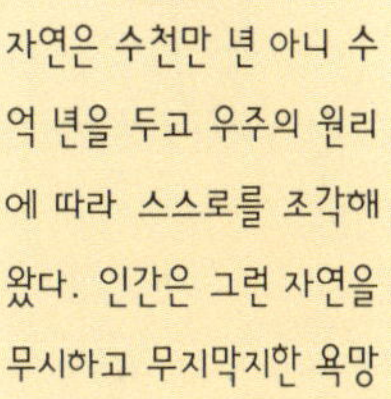
자연은 수천만 년 아니 수억 년을 두고 우주의 원리에 따라 스스로를 조각해 왔다. 인간은 그런 자연을 무시하고 무지막지한 욕망의 명령에 따라 지형을 변화시켰다.

4장

우리의 공간을 줌—인!

# 아파트, 앉아라!



## 경관의 측면으로 바라본 아파트

도시경관은 그 사회의 문화, 철학, 자연환경 등에 대한 사회 구성원의 생각을 가시적이고 함축적으로 반영해야 하며, 도시 공간은 토지 소유자, 토지 점유자, 토지 이용자 모두의 공간으로 각 집단의 이해가 적절히 조절되어 이용되어야 한다. 도시 공간에 그 사회 구성원의 생각을 담고, 이해 당사자들의 의견을 조절하고, 그 공간을 사용하게 될 미래 후손에 대한 배려까지 해서, 더불어 잘살 수 있는 공간을 계획하는 것을 도시계획이라 한다. 우리나라 도시계획의 중심에는 아파트가 있다.

# 한국의 압도적 경관, 아파트

서울의 가장 두드러진 풍경은? 도시 아니, 도시와 시골을 통틀어서 한국 주거의 가장 두드러진 풍경은 무엇일까?

그것은 바로 아파트다. 낮고 평평한 땅뿐 아니라 구릉지에도, 꽤 높아 보이는 산에도 아파트가 가득하다. 아파트는 마치 병풍처럼 펼쳐져 있다. 강가도 예외는 아니다. 한강변을 따라서 남쪽과 북쪽에, 사관생들이 사열하고 있는 것처럼 아파트들이 서 있다. 한강이 아주 큰 강이었기에 망정이지, 프랑스의 세느 강 정도였으면 강북의 아파트에서 강남의 아파트가 훤히 들여다보였을지도, 좀 과장하면 아파트 그늘로 한강에 볕 들 날이 없었을지도 모르겠다.

온 나라가 아파트 천지다. 프랑스의 지리학자 발레리 줄레조는 이

■ **아파트 천지** 한강 주변 모습. 강남, 강북 가릴 것 없이 모두 아파트 천지다.

아파트 천지인 서울을 보고 아파트 공화국이라 표현했다. 우리 눈에만 아파트 천지로 보이는 것은 아닌가 보다.


## 아파트가 우리나라의 압도적 경관이 된 이유

겉모습이 획일적이고 경관과 조화를 이루지 못하는 아파트가 우리나라에 이렇게 많은 이유는 무엇일까? 어떻게 해서 아파트가 한국의 압도적인 경관이 되었을까?

그것은 한국 사람들이 아파트가 편하고, 아름답고, 편리하다고 생각하기 때문이다.


### 하나, 발전된 서양 기술에 대한 콤플렉스

세계가 인정하듯이 우리나라는 기적의 나라다. 40년 가까운 세월 동안 일본의 식민 통치를 당했고, 해방이 되고서도 다른 나라의 점령을 받다가, 3년 동안 같은 민족끼리 처절한 싸움을 했다. 전쟁으로 수많은 사람이 죽고 대부분의 건물이 파괴되었다. 1961년의 1인당 국민 소득은 82달러로 세계 최저 수준이었다. 그런데 불과 50년도 되기 전에 250배인 2만 달러가 되었으니, 그동안의 물가 상승과 환율의 변화를 감안한다 하더라도, 가히 눈부신 성장이라 할 수 있다. 이런 기록은 세계 어디에도 없다. 모든 국민이 잘살겠다는 목표 하나만으로 악착같이 일했고, 우리는 눈부신 성과들을 이루어 냈다. 이때 우리가 닮고자 한 모델이 있었으니, 그것은 발전되었다고 생각한 서양식, 특히 미국식이었다.

이러다 보니 우리의 모든 전통은 구시대적이고, 낡은 것이고, 되도록 빨리 없애야 하는 것이 되었다. 다닥다닥 붙어 있는 단층 초가집에 살던 한국 사람이 미국 도시에서 본 엄청나게 높은 건물은 그 자체만으로 경이였을 것이다. '와! 과학 기술이 발달한 나라는 뭐가 달라도 다르구나! 우리는 언제 이렇게 되지?' 하고 생각했을 것이다. 그들의 눈에 우리의 초가집이 얼마나 초라해 보였겠는가! 미국과 비교해 보면, 우리나라는 땅은 좁고 인구는 많았다. 또한 경제개발이 시작되면서 한정된 공간의 도시로 쏟아져 들어오는 인구를 수용하기 위해서는 주거 건물의 층수를 높여야 한다는 주장이 확고한 지지를 받았을 것이다. 고층건물은 우리가 그토록 닮고자 하는 서양의 발전된 모습이 아니던가! 당연히 고층 아파트는 멋있게 보였다.


둘, 부유함과 편리한 도시 주거의 대명사

여러 동이 모여 있는 현재 아파트 형태의 효시는 1962년에 준공된 서울의 마포 아파트다. 준공 초기에는 입주자가 전 가구 수의 1/10도 되지 않을 정도로 인기가 없었다. 분양 평수는 9평이 가장 많았고, 12평·15평은 전체 분양 평수의 약 23%밖에 되지 않았다. 그 정도의 넓이였음에도 입주자는 모두 중산층 이상이었고, 저명 예술인도 여럿 있었다. 당시 우리나라의 1인당 국민소득은 87달러밖에 되지 않던 시절이었고, 1가구당 평균 거주 평수도 5~6평 정도였다고 하니, 9평 넓이의 마포 아파트가 당시로서는 넓은 집이었다. 또 마포 아파트는 일제 양변기를 설치한 신식 건물로 주변의 낮은 한옥과 대비되며 우뚝 솟아 있었다. 마치 외국의 건물을 옮겨 놓은 것 같았던 마포 아파트는 시간이 갈수록 서울의 명물이 되면서 웃돈이 붙기 시작했고, 영화 촬영 장소로도 인기를 모았다. 이후 동부이촌동에서 1970년대에 분양했던 아파트들은 25평에서 55평까지로, 사치 풍조를 조장한다는 논란이 있을 정도로 넓어 부자들만 살 수 있었다.

이제 아파트는 세련되면서 부유한 도시 사람들이 사는 신식 주거의 상징이 되기 시작했다. 옛날 한옥에서 살았던 사람들은 아파트가 편리하다고 생각했다. 연탄을 갈 필요도 없었고(초기 아파트 중에는 연탄아궁이가 있는 것도 있었다), 생각하기도 싫은 지저분하고 무서운 화장실도 아니었다. 높은 문지방을 넘나들기 위해 주의를 기울일 필요도 없었고, 겨울 추위에 떨지 않아도 됐다. 물론 지금은 단독주택도 연탄보

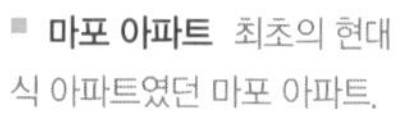

일러와 재래식 화장실, 높은 문지방을 가지고 있는 곳은 거의 없다. 그래도 사람들은 아파트가 편리하다고 생각한다. 불편하다고 생각한 한옥 문화를 서구식으로 바꾼 선도적 주거가 아파트였고, 첨단 기술을 가진 대기업들이 앞장서서 아파트를 진화시켰기 때문이다. 아파트에는 관리실을 비롯한 자체 방범 시설이 있고, 최신 통신망이 갖춰져 있으며, 자체 소방 시설도 마련되어 있다. 또 대단지 아파트에는 그 안에 놀이 시설, 쇼핑 시설, 학교 등이 있어 단지 안에서 모든 것을 안전하게 해결할 수도 있다.


### 셋, 건설사에겐 대박 아이템?!

아파트를 파는 건설사 입장에서 보면, 아파트 장사야말로 대박 아이템이다. 많은 돈이, 그것도 현금으로 한꺼번에 탁탁 들어오는 데다, 조그만 땅에 많은 집을 지으니 들인 돈에 비해 이익이 엄청나게 많이 생기는 새로운 노다지였을 것이다. 게다가 서울의 경우 아파트 건설 초기의 부지들은 대부분 한강변 범람원의 상습 침수 지역과 한강 공유수면●을 매립하면서 생긴 거의 공짜 땅이었다. 특히 한강변의 공유수면 매립 공사를 정부가 일반 기업에게 허락해 주면서 거액의 정치자금이 정부로 흘러 들어가기도 했다. 압구정동의 현대 아파트도 한강의 공유수면을 매립한 후 현대건설이 지은 것이었다. 매립 공사 이후 생긴 거의 공짜 땅에 아파트를 지어 일반인에게 분양했을 터이니, 해당 기업의 이익은 상상을 초월했을 것이다. 이런 노다지를 기업들이 눈감고 있을 턱이 없다.

● 공유 수면
공공으로 사용되는 국가 소유의 수면(水面).

넷, 안전하고 확실한 재산!

많은 사람들이 아파트에 살게 되면서 아파트는 가장 쉽게 재산 가치를 따질 수 있는 '주거의 주식' 이 되었다. 개인주택은 각각의 집에 따라 그 가격이 천차만별이지만, 집마다 차이가 거의 없는 아파트는 마치 주식처럼 '○○동 ○○아파트 ○○평' 하면 인터넷 클릭 한 번으로 가격이 나온다. 또한 많은 사람들이 아파트에서 살고 있거나 아파트에서 살기를 원하기 때문에 사고파는 사람들이 많다. 따라서 아파트는 급하게 돈이 필요해서 팔게 되더라도 가장 쉽게 돈을 마련할 수 있는 환금성이 뛰어난 부동산이 되었다.

IMF 이후로 한국인들은 언제라도 직장에서 해고될 수 있는 새로운 환경과 마주하게 되었다. 국가도 회사도 믿을 수 없고 오직 믿을 수 있는 것은 내가 가진 돈뿐이라는 것을 뼈아픈 경험을 통해 알게 된 것이다. IMF 이후 폭락했던 아파트 값이 10년도 안 되는 기간에 많게는 10

■ **부동산 중개소** 아파트 단지 앞에는 부동산 중개소가 밀집해 있다. 이곳을 통해 대부분의 아파트 거래가 이루어지며 시세도 형성된다.

배 이상으로 폭등한 데 비해, 단독주택과 연립·다세대 주택은 집값이 크게 오르지 않아 재산 증식 수단으로서의 아파트에 대한 신뢰는 더 이상 깰 수 없는 공식이 되었다. 싫든 좋든 비상시를 대비한 최후의 재산은 아파트로 마련해야 한다는 것이다. 아파트가 대세니까.

## 아파트는 추하다, 왜?

우리가 흔히 쓰는 '풍경'이라는 말을 지리학에서는 '경관'이라는 용어로 사용하는데, '관찰자의 시야에 들어오는 지리적 환경'이라는 뜻이다. 앞에서 얘기했다시피 한국의 압도적 경관은 바로 아파트다. 그럼 이 아파트가 연출하는 경관은 아름답다고 할 수 있을까?

아름다움에는 리듬이 있어야 한다. 단조로움과 복잡성의 적당한 리듬. 그 적절한 리듬의 조화에는 수많은 방법이 있을 테고, 어떤 이는 단조로움의 비율이 더 많은 것을, 어떤 이는 복잡성의 비율이 더 많은 것을 좋아할 것이다. 이것은 개인의 취향에 따른 것이겠지만, 완전한 단조로움은 획일성이고 완전한 복잡함은 혼란스러움이다. 한국의 아파트는 획일성의 극단이다. 앞에서 얘기했던 발레리 줄레조가 한국의 아파트를 연구한다며 프랑스 동료 학생에게 서울의 1/5000 축척 지도를 보여 주었더니, "한강변의 군사기지 규모는 정말 대단하군"이라고 했다고 한다. 주거 공간에 대한 평가가 군사기지라니!

아름답기 위해서는 조화로워야 한다. 특히 경관이 아름답기 위해서는 홀로 아름다워서는 안 된다. 주변의 자연환경이나 다른 건물들과 조화를 이루어야 한다. 그런데 아파트는 산이건 바닷가건 들이건 상관하지 않고 어느 곳에나 서 있다. 산동네를 재개발한 곳에도 그 높은 산꼭대기에 20층에 가까운 고층 아파트 산을 더 쌓아, 보는 사람이 불안하기까지 하다. 그리고 여러 동의 아파트가 병풍처럼 펼쳐져 있는 곳도 있다. 경관을 꽉 막고 있어 답답하다. 주변 경관, 주변 건물 완전 무시다. 천상천하 유 '아'독존('나 아(我)'가 아니라 '아파트 아'), 혼자 잘났다. 아니 떼거리로.

초등학교 시절 학예회를 떠올려 보자. 학예회를 보러 강당에 많은 사람들이 모이게 되면, 서로 잘 보이는 자리를 차지하려고 했다. 맨 앞자리가 제일 좋았지만, 모든 사람이 앞자리에 앉을 수는 없었다. 먼저 온 순서대로 앞에서 뒤까지 앉게 된다. 뒤에 앉아 있으면 앞사람의 머리가 조금씩 보이기는 했지만, 그래도 무대가 안 보이는 것은 아니었다. 그러다가 아주 재미있는 부분에서 무대가 전혀 안 보일 때가 있다. 앞사람들이 너무 흥분해서 일어서기 때문이다. 그러면 뒷사람들이 난리다. "야! 거기 앉아! 너 때문에 안 보이잖아." 그 얘기에 사람들은 주춤주춤 앉다가, 어느새 다시 일어선다.

■ **열린 경관** 모두가 앉아 있으면 뒷사람들도 멀리까지 볼 수 있다.

■ **닫힌 경관** 앞사람들이 일어서면 뒤에 앉은 사람은 아무 것도 볼 수 없다.

서로 더 잘 보려고 난리다. 앉아 있는 사람만 바보가 된다. 다른 사람
들은 보이든 말든 좋은 경관을 혼자 다 차지한 채 우뚝 솟아 있는 아파
트 군락을 보면 그 모습이 떠오른다.


## 아름다운 아파트를 위해

아무리 경관을 망치는 아파트라 하더라도 이미 지어진 것을 어찌겠는
가. 그렇다, 어쩔 수 없다. 이렇게 고층 아파트로 덮이기 전에 사회 여
론이 형성되어 도시계획에 반영했어야 했는데 그렇게 하지 못했다.
그러나 앞으로 많은 아파트들이 건물 수명을 다해 재건축될 것이고,

새로운 곳에 들어서기도 할 것이다. 앞으로 아파트를 짓게 되면, 고도가 높은 곳보다는 평평한 곳에 주로 짓고, 고도가 높은 곳에 지을 때는 층수를 제한해야 할 것이다. 대부분 분지에 입지해 있는 한국의 도시들은 주변 산지가 정말 좋은 자산이다. 일부러 대규모 공원을 조성하지 않아도 도시와 산이 인접해 있기 때문에 도시 안에 공원을 만든 것이나 마찬가지다. 그러므로 그 산지는 일부 고층에 사는 아파트 주민에게만 소유되어서는 안 되고, 많은 도시민들이 공유해야 하는 경관인 것이다. 또한 아파트 건물 외관 및 건물 형태도 다양한 형식으로 만들어 건축물 자체로서도 아름다운 경관이 되도록 노력해야 할 것이다. 도시 주거 경관이 군사 경관으로 오해되는 일은 없어져야 하지 않겠는가.

## 아름다운 도시를 위해

아파트가 아름답지 않다면, 햇볕 드는 시간을 손에 꼽을 정도로 다닥다닥 붙어 있고, 머리에는 모두 노란 물통을 이고 있는 연립이나 다세대 주택은 아름다울까? 그것도 아닐 것이다. 그동안의 도시계획은 아파트 단지를 위한 안전·쾌적성은 제공되었지만, 소수 주거·저소득층 주거라고 할 수 있는 일반 주택이나 연립·다세대주택에 사는 사람들의 안전·쾌적성에 대한 고려는 거의 없었다. 아파트 단지 안에는 아이들이 놀 수 있는 놀이터도 있고, 어느 정도의 녹지도 보장이 되었지만,

일반 주택이나 연립·다세대주택 주변에는 아이들이 마음 놓고 뛰어다닐 수 있는 곳이나 녹지 공간을 쉽게 볼 수 없다. 앞으로의 도시계획에는 그런 것들도 반영되어야 할 것이다.

건축물은 만들었다 마음에 안 들면 쉽게 부술 수 있는 장난감 블록이 아니다. 수많은 건축물과 도로, 공원, 자연환경 등이 만들어 내는 도시 경관은 더더욱 그렇다. 어떤 건물을 한 개인의 돈으로 지었다 하더라도 그 사람 혼자만 사용하는 것이 아니다. 그 건물이 들어선 공간은 나의 이웃도 같이 보고 나의 자손들도 살게 될 공간이다. 도시는 소수의 돈 많은 부동산 소유자들이 독점하는 공간이 아니라, 수많은 사람들이 사용하는 공동의 공간이다. 도시계획은 그 수많은 사람들의 이해관계를 조절하고 갈등을 최소화하며 삶을 풍요롭게 하는 방향으로 진행되어야 하는 것이다. 도시경관의 조화로움, 도시경관의 공유 의식, 아름다움에 대한 추구, 아름다움의 공유가 바탕이 된 도시계획 말이다.



## 경관의 의미

경관은 그 사회의 가시적 반영체다. 도시의 첫인상이자, 마지막 기억에 남는 이미지다. 우리는 매일 옷을 입을 때마다 어떤 옷이 내 외모의 장점을 부각시키면서 단점을 가릴 수 있을까, 어떤 옷이 내가 추구하는 이미지를 잘 나타내 줄 수 있을까, 어떤 옷이 유행을 타지 않으면서 미적 감각을 드러낼 수 있을까, 하는 고민을 한다. 그런데 최소 20~30

■ **조화로운 경관** 기와의 용마루를 곡선으로 처리한 것(노란색 선)은 우리나라에만 있는 것으로, 가까운 중국, 일본에서도 찾을 수 없다. 이렇듯 우리 조상들이 지은 건축물은 주변 자연환경과 조화를 이루었다.

년은 가는 도시의 외모에 대해서 우리는 그동안 너무 생각이 없었다. 우리의 자연환경을 잘 살리면서, 아름답고 조화로운 도시경관을 만드는 것은 우리 시대 공동체 철학을 변화시키는 것이기도 하다.

싫든 좋든 현재의 경관은 바로 지금 우리 사회를 있는 그대로 나타낸 것이다. 우리는 그동안 개인이든 기업이든 혼자만 잘사는 것을 궁리해 왔다. 다른 사람들을 배려하고, 같이 잘살고, 전체적인 조화를 이루고, 주변의 자연환경을 살리고, 다음 세대를 위한 큰 그림을 그려 보고, 한국의 창조성이 녹아 있는 것을 만들려는 노력은 없었다. 그것이 지금의 아파트 공화국을 만든 것이다. 하지만 희망이 없는 것은 아니다. 문제라고 인식하지도 못하고 있었던 것을 이제 문제라고 생각하기 때문이다. 최근 들어 주거 양식의 다양성이 얘기되고, 아름다운 아파트에 대한 관심들이 점점 늘어 가고 있다.

뒷산의 능선과도 조화를 이루어 기와의 용마루 선을 둥글게 했던 조상들의 여유가 우리에게도 아직도 남아 있을 것이다. 다양성을 추구하고 조화롭게 사는 방법을 연구하다 보면 한국의 경관, 나아가 한국인의 삶은 더 아름다워질 것이다.

뉴욕 센트럴파크 주변의 땅이 재개발된 과정은 우리에게도 시사하는 것이 많다. 센트럴파크 주변의 땅을 소유한 미국의 유명한 부동산 개발업자인 도널드 트럼프는 이 지역에 60~70층 높이에 7600세대가 들어서는 대규모 주택 단지 개발 계획을 세웠으나, 지역 주민과 정부의 반대로 허가를 받지 못하고 있었다. 그러던 중 여러 시민단체와 정부, 땅 소유자 트럼프까지 모두 참여해, 이 지역을 개발하는 대규모 프로젝트를 시작했다. 그 결과 원래 계획보다 개발 규모를 40% 축소하고, 그 공간에 대규모 공원을 조성하기로 했다. 공원 전면에 바로 주거 단지가 들어오는 것을 막고, 주거지 앞에도 공원을 조성해서 보다 많은 사람들이 공원을 공유하도록 했다. 또한 주거지 일부는 임대료를 낮추어 중산층이 살 수 있는 주택으로 제공했다. 개인이 소유한 땅이었지만 많은 사람과 함께 나눈 것이 뉴욕을 더 아름답게 했고, 전 세계 많은 사람들이 뉴욕을 사랑하게 된 이유가 되었다.

# '어떤 나라'의 거리를 걷다 보면



자본주의의 성장과 함께 사람들이 모여드는 도시 또한 급성장했다. 도시의 규모가 커지면서 도시 내부는 지역별로 땅값의 차이가 나게 되었고, 그 이용 양상 또한 차별화되어 기능 분화가 이루어졌다. 도심의 빌딩 숲, 주거 지역의 아파트촌, 상업 지구의 즐비한 상점들……. 사회주의 도시의 구조도 이와 비슷할까?

# 영화 〈어떤 나라〉에서 평양을 만나다

북한에 대해서는 아무것도 몰랐다는 영국의 대니얼 고든(Daniel Gordon) 감독. 그는 대집단체조(매스게임)에 참가하는 평양 소녀 2명의 일상을 소재로 〈어떤 나라〉라는 다큐멘터리 영화를 찍어 2004년 세상에 소개해 커다란 반향을 불러일으켰다. 세계 최초로 북한에 직접 들어가 제작한 영화로 거리와 가정 모습, 학교 수업 장면 등 평양의 일상적인 모습을 있는 그대로 카메라에 담아 냈기 때문이다.

2003년 남북 교육 교류를 위한 평양 방문단에 속해 영화 속의 그 거리를 걸어 본 적이 있다. 서울에서 나고 자란 '서울 토박이' 교사의 눈에 비친 평양의 모습은 너무나 이색적이고 놀라웠다. 그건 아마도 북한의 도시, 수도 평양에 대한 아무런 사전 지식 없이 그 공간에 들어섰기 때문일 것이다. 자본주의 도시 서울과 사회주의 도시 평양이 어떤 점에서 다르고, 그 배경이 무엇인지 이런저런 궁금증이 모락모락 피어오르기 시작했다.

평양은 역사가 깊은 도시지만 과거의 유산이 많지 않고, 해방 뒤 도시 건설이 새롭게 이루어진 곳이다. 한국전쟁 직후에 평양은 건물의 90% 정도가 폭격과 화재로 없어져 폐허 상태였다. 평양이란 공간을 완전히 비우고, 새 도화지에 새로운 그림을 그린 셈이다. 한국전쟁의 잿더미 속에서 일궈 낸 계획도시 평

■ 영화 〈어떤 나라〉의 포스터

양을 북에서는 '청춘의 도시'라고 부른다. 그만큼 젊은 도시인 셈이다. 의미심장한 대규모 건축물, 잘 정비된 가로망, 울창한 녹지, 깨끗하고 한적한 평양은 경쟁에 노출되지 않은 채, 잘 설계되고 관리된 '무균의 도시'라고 할 만하다.

평양은 사회주의를 선택한 북한이 외부 세계에 보여 줄 수 있는 얼굴로서 모든 인재와 기능, 물자를 집중시킨 곳이다. 평양에는 각종 체육·교육·문화 시설이 집중되어 있으며, 주로 정부나 당의 신임을 얻은 선택받은 사람들이 살 수 있는 특별한 공간이다. 그런 만큼 평양의 모습을 북한 도시의 일반적인 모습이라고 보기는 어려울 것이다. 하지만 평양이란 도시를 잘 들여다보면 사회주의 북한 사회를 이해하는 데 큰 도움이 될 것이다.

## Tip 자본주의와 사회주의의 토지 소유

자본주의란 이윤 추구를 목적으로 하는 자본이 지배하는 경제체제로 사유재산제와 개인의 자유로운 경쟁에 바탕을 두고 있다. 대한민국(남한)은 자본주의 국가이므로 개인의 토지 소유가 자유롭다. 2006년 12월 기준으로 남한의 전체 국토 중 56%의 땅을 개인이 소유하고 있으며, 전체 인구의 1%에 해당하는 50만 명이 전체 개인 소유 토지의 56.7%를 차지하고 있어 토지 편중 현상이 심하다. 사회주의는 사유재산제를 폐지하고 토지·공장 등 생산수단을 국가 또는 집단이 소유해 경제적 모순이 없는 평등한 사회를 지향한다. 조선민주주의인민공화국(북한)은 사회주의 국가로 1946년 '무상 몰수·무상 분배' 형식의 토지 개혁을 단행했고, 토지의 개인 소유를 인정하지 않고 있다.

# 주거지는 보이는데 일터는 보이지 않는다?

영화 속 현선이와 성연이가 걷는 길을 따라가다 보면 큰 도로변에 아파트나 5층 정도 되는 맨션들이 즐비한 게 보인다. 간혹 상점들이 눈에 띄지만 사무실 건물이나 공장을 보기는 어렵다. 그런 지역만 촬영해서일까? 평양 사람들은 도대체 어디서 일을 하는 걸까?

평양을 이해하는 열쇠는 '사회주의 도시계획'에 있다. 평양은 사회주의 도시계획의 원리에 따라 철저하게 정비된 도시로, 가장 큰 영향을 받은 국가는 물론 '구소련'이다.

사회주의 나라에서는 노동자들이 편리하도록 공장, 사무실 등의 일터와, 주택 같은 쉼터를 가까이에 배치하는 '직주(職住) 근접'의 원칙을 따르고 있다. 또 노동자의 이동과 생활을 편리하게 하기 위해 각종 편의 시설을 거리를 중심으로 직선 형태로 배치했다. 이것은 자본의 수익성과 효율성을 따져 접근성과 지가에 따라 동심원으로 공간이 배치되는 자본주의 도시와는 매우 다른 모습이다.

그렇다면 평양도 직주 근접 원리를 따르고 있을까?

서울의 행정구역이 ○○구로 나뉜다

■ **평양 거리의 건물** 1층은 상점, 그 위는 주거지로 쓰이는 건물이다.

면 평양은 ○○구역으로 나뉜다. 평양은 각 구역별로 주택·문화·공공시설이 분산되어 있고, 중 구역의 승리·천리마·창광 거리, 만경대 구역의 청춘·광복 거리, 대동강 구역의 문수 거리, 락랑 구역의 통일 거리 등 거리를 중심으로 도시를 개발했다. 중심 도로를 따라가다 보면 서민들이 거주하는 대규모 아파트나 주택들이 큰 도로변에 늘어선 것을 볼 수 있는데, 공장이나 상업 시설 등은 주택지 안쪽으로 배치해 직장과 주거지를 가깝게 배치했다. 당연히 출근 시간 교통 혼잡은 찾아보기 어려우며 많은 사람들이 걸어서 출퇴근을 한다. 서울의 경우 주거지와 상업·업무 지구가 분리되어 있어 출퇴근 시간대에 교통 혼잡이 심하다. 이 때문에 서울 시민들이 대체로 1시간 정도의 출퇴근 시간을 감안해 주거지를 선택하는 것에 비추어 볼 때 평양의 도시계획은 우리에게 시사하는 바가 적지 않다.


## 도심 한복판에 드넓은 광장이

영화 속 현선이와 성연이는 '장군님을 모시고 행사할 그날을 위해 아픈 것도 참고 훈련'하는 집단체조반 아이들이다. 이들은 체육관 앞 넓은 공터에 모여 방학도 없이 강행군을 한다.

북한에서는 중요한 날이면 수만~수십만 명이 동원되는 행사가 열린다. 특히 공화국 창건 기념일인 9·9절●에는 김일성광장에 모인 수많은 사람들이 횃불을 든 채 열을 맞춰 행진을 하고, 음악에 맞추어 춤

을 춘다. 2시간 동안 이루어지는 이 행사에서 집단의 힘과 단결력, 지도자에 대한 충성심을 보여 주게 되는데, 행사에 참여하는 총인원만 무려 100만 명이다.

도심 한복판에 대규모 인원이 모일 수 있는 광장이 들어선다는 것은 땅값이 비싼 자본주의 사회에서는 상상하기 힘든 일이다. 평양 중심에 위치한 김일성광장은 10만 명이 모일 수 있는 넓은 공터로, 대동강변으로 활짝 트여 있고 주체사상탑과 마주하고 있는 도시의 핵심 공간이다.

사회주의 도시에서는 도심의 상징성을 매우 중요하게 생각한다. 특히 정치적·사상적 기능을 도시의 가장 중요한 기능으로 간주해 이를 위해 들어선 공간이 도시의 핵을 이룬다. 북한에서도 정치 및 문화 행사, 군중집회가 벌어지는 김일성광장이 평양의 핵을 이루며, 광장 주변에는 정치적 색채가 강한 공공건물들이 자리를 잡아 사회주의 도심 공간의 상징성을 과시하고 있다. 평양 도심의 가장 노른자 땅에 빈터(광장)와 더불어 정부 청사, 인민대학습당, 조선미술박물관, 조선역사박물관이 자리 잡고 있는 것이다. 서울의 중심지가 상업·업무 기능이

집중된 고층 건물로 상징된다면, 평양의 중심지는 대규모 정치·문화 행사로 인해 항상 사람들이 붐비는 광장으로 상징된다. 2003년 평양을 방문했을 때도 한산한 다른 거리와는 달리 광장은 9·9절 행사를 준비하는 학생들과 직장인들로 붐볐던 기억이 난다.

서울에도 이런 공간이 있을까? 과거 서울에도 100만 명이 모일 수 있는 대규모 광장이 있었는데, 바로 '여의도광장'이다. 여의도광장은 박정희 정권 시절인 1972년부터 실시된 여의도 개발 계획에 따라 만들어졌는데, 처음에는 5·16 쿠데타(당시에는 혁명이라고 불림)에서 이름을 따 '5·16 광장'으로 불리다가 이후 '여의도광장'으로 개칭되었다. 1990년대 들어서 드넓은 면적에 비해 효율성이 떨어진다는 비판과 서울의 녹지 면적을 늘려야 한다는 주장이 힘을 얻으면서 1999년, '여의도공원'으로 탈바꿈했다.

2002년 월드컵 때 대규모 응원단이 운집해 응원했던 곳은 평소 자동차들의 공간이었던 시청 앞 교통광장이었다. 이후 서울시는 시민들의 다양한 문화 행사와 축제의 장으로 사용할 광장의 필요성을 깨달았고, 시청 앞 분수대를 허문 뒤 잔디를 깔아 현재의 '서울광장'을 탄생시켰다.


## 특이한 모양의 건물들

영화에는 대동강변을 따라 해가 뜨고 지는 평양의 모습이 아름답게 펼쳐진다. 도시의 스카이라인도 매우 아름답다. 그런데 특이한 모양의 건물이 유난히 눈에 잘 들어온다. 횃불 모양, 피라미드 모양의 건물이 보이고, 상자 모양이 아닌, 동그란 모양의 아파트도 있다.

사회주의 도시에서는 높은 지대에 고층, 낮은 지대에 저층 건물을 배치해서 입체감과 조망성을 살리려고 한다. 평양도 예외는 아니어서 평지보다는 완만한 구릉지같이 상대적으로 고도가 높은 지역에 고층 건물을 세운다. 또한 평양 곳곳에는 기념탑, 혁명 사적관 등 사상 교육을 위한 건축물을 배치했는데, 이러한 건물들이 보행자들의 눈에 잘 보이게 하기 위해서 모든 건축물들의 높이를 규제했다. 그래서 평양 어디서나 전망이 확보되어 아름다운 도시를 바라볼 수 있다.

1970년대 이후 북한 사회는 석유파동을 겪으며 경제적 어려움에 직면하고, 내부적으로 주체사상을 유일 지도 이념으로 세우면서 자립 경제 건설을 강조했다. 이는 폐쇄적 자급자족 경제 건설을 의미하는 것으로 이후 북한 경제는 내리막길을 걷게 되었다.

1970년대 후반 북한은 자본주의인 남한 사회의 경제성장을 의식하면서 사회주의 체제의 우월함을 드러내고 혁명 의식을 높이기 위해 '민족 건축의 현대화·국제화'를 추진했다. 이때 평양시에 10층 이상의 대규모 고층 아파트가 대량 건설되었는데, 광복거리와 통일거리에 있는 다각형·'S'자형·'Y'자형·바람개비형·계단형 아파트 등은 우리 시선을 끌기에 충분하다.

평양의 도시계획을 연구해 온 김현수 교수는 "서울의 아파트들은 실용적 목적으로 남쪽을 향해 있지만 북한의 아파트들은 보기 좋도록

여러 방향으로 지어 실제 생활에는 좋지 않다"면서, "평양의 도시계
획 이념이 균형·분산·직주 근접 등 이상적인 가치를 담고 있지만 실
제 이런 가치가 얼마나 실현됐는지는 별개"라고 말한다.

　최근 남한에서는 서울 도곡동 타워팰리스를 시작으로 초고층 주거
시설이 확산되고 있다. 투자 가치, 조망권, 일조권은 좋겠지만 이 역시
평양의 'S'자형·'Y'자형 아파트처럼 보기는 좋을지언정 실생활은 고
려하지 않은 듯하다. 실제로 우리보다 앞서 고층 아파트를 건설했던 나
라들의 예를 보면 고층 아파트 거주자들에게서 우울증 같은 정신질환
이 발생한 빈도가 상대적으로 높았고, 통풍과 환기가 안 되어 생기는
호흡기 질환 등의 질병도 일반 아파트보다 많이 나타났다고 한다.

　1982년 김일성 주석의 70세 생일을 앞두고 체제 상징 건축물들이
'충성의 선물'로 수도 평양에 대대적으로 지어졌는데, 어느 것이나 세

■ 평양의 원통형·곡선형 아
파트(왼쪽)와 광복거리의 네날
개형·계단형 아파트

계 최고·최대를 자랑한다. 그중 높이 170m인 주체사상탑은 기단, 탑몸, 탑머리로 이루어지는 전통적인 돌탑 양식을 살려 기단, 탑몸, 봉화로 이루어져 있다. 주체사상탑은 평양시 중심부에 세워져 고속 엘리베이터를 타고 150m 전망대에 오르면 평양시를 한눈에 내려다 볼 수 있다.

1989년 평양에서 열린 세계청년학생축전을 앞두고 약 3년에 걸쳐 260여 개의 행사 관련 시설이 건설되었는데, 이것이 이른바 '수도 대 건설'이다. 이때 시설들을 너무 화려하고 웅장하게 건설하는 바람에 북한의 경제적 어려움이 더욱 커지게 되었다. 특히 보통강 구역에 짓고 있는 세모뿔 모양의 105층짜리 류경호텔은 피라미드식으로 지 어져 사방에서 같은 형태의 모습을 보이며, 완공 높이가 323m로 남 한의 63빌딩보다 74m 더 높다고 한다. 프랑스 업체와 합작으로 짓 기 시작해 1989년에 외부 골조 공사가 끝났으나 프랑스 회사가 내 부 자재 값을 비싸게 요구하고, 북한이 이에 응하지 않자 계약 이 파기되었다. 그렇게 공사가 중단되어 방치되고 있다가 2008 년 4월에 재개되었다.

■ **주체사상탑** 높이 170m 로 세계에서 가장 높은 석 탑이다. 화강암으로 만들어 졌으며, 밤이면 꼭대기에 있 는 봉화 모양 조명에 불이 들어오는데, 최근에는 전력 사정 악화로 조명을 켜지 못할 때가 많다고 한다.

## 전깃줄 달린 차, 지하 궁전

영화를 보면 두 주인공 소녀가 전차를 타고 학교에 등교하는 장면과 지하철을 타고 이동하는 장면이 나온다. 거리에는 자동차가 많이 보이

지 않는데 과연 평양의 주요 교통수단은 무엇일까?

북한은 자본주의 사회만큼 이동이 많지 않고, 에너지난을 겪고 있기 때문에 시민들은 대부분 대중교통을 이용한다. 평양에는 철길 위를 달리는 궤도전차와 철길 없이 전깃줄을 따라서 운행하는 무궤도전차가 운행되고 있다. 특히 무궤도전차는 중요한 대중 교통수단으로 소음이 적고 배기가스가 없으며, 지하철이나 궤도전차보다 건설비가 적게 든다고 한다. 시내버스는 무궤도전차의 보조 수단으로 운행되며, 택시는 요금이 너무 비싸서 일반 주민들은 거의 이용하지 않는다. 승용차는 외국인이나 특수층만 이용하고 있다.

평양이 자랑하는 지하철은 서울 지하철보다 한 해 이른 1973년 9월, 정권 수립 25주년에 맞춰 개통되었다. 지하철을 타려면 서울의 경우 보통 10~30m 정도 내려가야 하는데, 평양 지하철은 에스컬레이터를 타고 150m 정도 내려가야 한다. 북한에서는 ‘인민 대중이 나라의 주인’이라 하여 대중이 사용하는 공간을 가장 화려하게 꾸며 놓는데, 지하 역사는 샹들리에와 대리석, 대형 벽그림으로 화려하게 장식해 ‘지하 궁전’이라 불린다. 유사시 평양 시민들의 대피소(방공호)로 활용할 수 있도록 지하 깊이 만들었다고 한다. 그러다 보니 무더운 여름에는 시원하고, 추운 겨울에는 바깥 날씨보다 훨씬 따뜻해 냉난방에 효과적이다. 전쟁 시 핵폭발에 의한 방사선을 차단하기 위해 승강장 입구에는 아연 재질의 문이 설치되어 있고, 기본 터널 외에도 다양한 터널이 유기적으로 연결되어 있다고 한다. 각 역들은 고유한 지역 특성을 살려 이름을 짓고, 내부를 장식했는데, 예를 들어 건설역에는 전후 복구 모습 벽화가 그려져 있다. 특히 건국역의 평양시 전경 모자이크 벽화는

■ 모자이크화와 샹들리에로 장식된 부흥역

평양 지하철의 대표적인 볼거리로 꼽힌다.

평양 지하철은 2개 노선에 총연장 34km로 하루 평균 30~40만 명의 평양 시민을 실어 나른다. 규모 면에서 서울의 1/10이지만, 평양 지하철은 시민들이 가장 많이 찾는 현대 대중 교통수단이며, 역 건물은 사상 문화 교양 장소인 셈이다.



## 전시형 도시 평양을 민족의 자산으로

일부에서는 평양의 모습을 보고 '사회주의 체제의 우월성'을 과시하기 위해서 만든 전시형 도시라며 평양의 발전상을 꼬집기도 한다. 잘 정비된 거리와 멋들어진 건물들이 우리에게 회색빛의 우울함으로 다가오는 것은 이런 생각이 바탕에 깔려 있기 때문일 것이다.

하지만 분명한 것은 평양이란 도시 공간에는 많은 메시지가 담겨 있다는 사실이다. 세계에서도 찾아보기 어려운 철저한 계획도시 평양은 그 자체만으로도 우리 민족의 자산임이 분명하다. 지금은 북한이 경제적으로 어려워 남한 도시와 같은 역동적인 활기를 기대하기는 어렵겠지만, 남북이 화해하고 통일되는 과정에서 평양의 독창성과 특별함을 잘 살려 서울과는 또 다른 모습의 세계적인 도시로 만들어 가길 기대해 본다.

"북한에 대해서는 아무것도 몰랐다. 아는 건 축구뿐이었고, 그래서 (북한) 축구 선수들을 찾아갔다."

어릴 적부터 축구를 좋아했던 영국의 대니얼 고든(Daniel Gordon) 감독은 그렇게 북한과 만났다. 1966년 런던 월드컵에 첫 출장해 강호 이탈리아를 누르며 8강에 진출한 미지의 동양팀 북한. 평균 162cm의 단신 선수들은 스피드와 조직력으로 일사불란하게 똘똘 뭉쳐 기적 같은 승리를 만들어 나갔다. 고든 감독은 자신의 유년 시절 속 주인공인 도깨비 축구팀을 찾아가 영화 〈천리마 축구단〉(2004, The Games of Their Lives)을 찍었다.

고든 감독은 〈천리마 축구단〉을 찍으면서 북한과 우호적인 관계를 맺게 되었고, 그로 인해 2003년 북한 최대 규모의 매스게임을 준비하는 2명의 여중생과 그 가족을 수개월간 카메라에 담을 기회를 얻게 되었다.

전승기념일 매스게임에 참여하게 된 열세 살 현선이와 열한 살 성연이는 김정일 장군님께 자랑스러운 모습을 보여 주기 위해 추운 겨울에도 강도 높은 훈련을 이겨 낸다. 때론 연습을 몰래 빼먹기도 하고 늦잠 때문에 허둥대며 등교하는 현선이와 성연이는 우리네 여느 10대 소녀들과 다를 바 없다. 그들의 일거수일투족을 따라가며 여과 없이 드러나는 평양 중산층

■ 영화 〈천리마축구단〉의 포스터

가정의 일상생활은 그동안 교과서와 방송에서 결코 볼 수 없었던 또 다른 북한의 현재 모습을 보여 주었다. 이렇게 완성된 〈어떤 나라〉(2004, A State of Mind)는 평양국제영화제에서 특별상을 수상한 것을 비롯해 트라이베카, 암스테르담, 멜버른, 시드니, 싱가폴, 부산 등 다수의 국제 영화제에 초청되어 좋은 평가를 받았다.

■ 영화 〈어떤 나라〉의 한 장면

고든 감독은 〈천리마 축구단〉, 〈어떤 나라〉에 이어 북한과 관련한 세 번째 작품인 〈푸른 눈의 평양 시민〉(2007, Crossing the Line)을 발표했다. 이 작품은 기획부터 완성까지 6년이 걸렸다. 1962년 휴전선에서 복무하던 중 탈영해 북한으로 넘어간 4명의 미군에 대한 이야기로 특히 북한에 생존해 있는 마지막 월북 미군인 드레스녹 씨의 일상을 카메라에 담았다.

고든 감독은 〈천리마 축구단〉을 만든 뒤 "나는 공산주의자들을 보러 간 게 아니라 축구 선수를 찾아갔다"고 말했다. 그래서일까? 제3자의 눈에 비친 북한 사회의 모습은 독특하지만, 괴상하지도 부정적이지도 않다. 우리는 우리의 입장에 서서 이데올로기의 안경을 쓰고 북한을 들여다보는 데 익숙해져 있다. 안경을 벗고 다른 각도에서 북한을 볼 수 있다는 사실조차 우리에게는 낯설다. 고든 감독은 우리가 그동안 외면해 온 이런 현실을 세 편의 영화를 통해 일깨우고 있다. 그는 이런 말을 하고 싶었을지도 모른다.

"진정으로 북한을 이해하고 가깝게 지내기 위해서는 북한에 대한 획일적인 시선을 거두어야 한다."

# 서울을 사수하라



2004년 정부가 발의하고, 국회에서 통과된 '신행정수도의 건설을 위한 특별조치법(수도이전 특별법)'은 같은 해 10월 헌법재판소에 의해 위헌 판결을 받았다.

한 나라의 수도는 늘 같은 자리에 두어야 하는 것일까, 아니면 필요에 따라 옮길 수도 있을까? 또 도청이나 시청은 어떨까? 도청과 광역시청을 옮기는 것과 수도를 옮기는 것은 어떤 차이가 있을까? 전형적인 '핌피(PIMFY)' 현상처럼 보이기도 하지만, 이 개념만으로 행정수도 이전을 둘러싼 갈등을 모두 이해할 수는 없다.

# 수도 이전 정책, 왜 나왔나?

2002년 대통령 선거 과정에서 제기된 수도 이전 정책이 숱한 논란을
거친 이후 청와대와 통일부, 외교부, 국방부, 법무부, 행정안전부, 여
성부 등 중요 중앙 행정 부서는 그대로 두고 나머지만 이전하는 행정
복합도시 건설로 축소되어 진행되고 있다. 당시 선거 공약으로 노무현
후보가 제기한 수도 이전 정책은 수도권 일변도의 극심한 지역 불균형
을 어떻게든 해결해 보고자 하는 의지에서 나온 것이다.

　우리나라의 수도권 집중도(인구 기준 48%)가 세계적으로도 유례가
드물 만큼 극심하다는 것은 이제 상식이 되었다. 중앙집권국가는 다
그렇지 않느냐는 반론은 일본(32%), 프랑스(18%), 영국(21%)의 사례만
보아도 그 근거가 희박하다. 우리나라만 해도 1960년의 수도권 집중

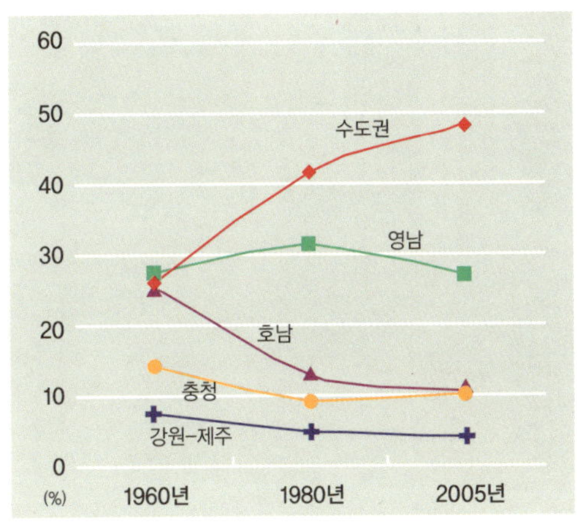



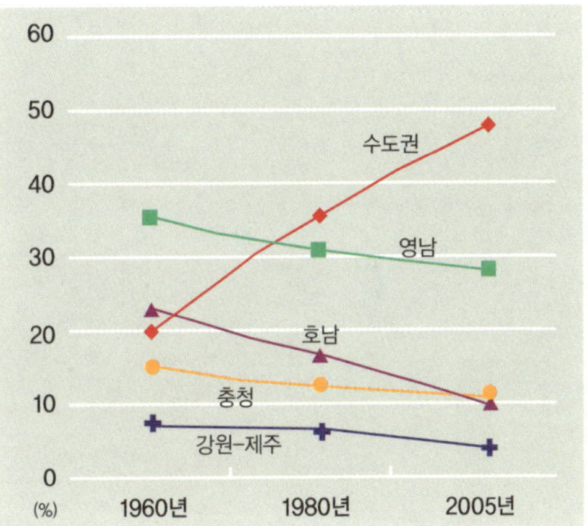



통계청

도는 인구 기준으로 19% 정도밖에 되지 않았다. 그러던 것이 1973년 30%를 넘고 1987년 40%를 넘더니 2005년 인구센서스에서는 무려 48%를 넘기고 있는 것으로 나타났다.

한 나라의 인구 절반이 특정 지역에 몰려 있는 이러한 현상은 지속적인 수도권 중심의 산업화 때문이다. 1960년대 이후 농업 사회에서 공업 사회로 급격한 전환이 진행되던 때 그 중심지는 서울이었으며, 공업화에 따른 상업 및 서비스 발달의 중심지 역시 서울이었다. 또한 1990년대 이후 첨단 산업 및 서비스 산업을 주도한 곳도 서울이었다. 그러한 서울을 품고 있는 경기도는 서울 소재 제조업체의 이전, 서울 인구의 분산, 서울의 상업 및 업무 시설의 확산 무대로서 동반 성장하

■ 건물이 빽빽이 들어선 서울 시내

게 되어 서울-인천-경기를 아우르는 수도권은 그야말로 남한 경제 성장의 심장부가 된 것이다. 그러한 성장은 자연스럽게 도로·상하수도·에너지 공급 시설 등 도시 기반 시설과 상점·대학·은행·극장·도서관 등 상업 및 생활·문화 서비스 시설에 대한 집중 투자로 이어졌다. 서울과 수도권은 발전의 최전선으로, 남한에서 가장 현대화된 곳으로 모두의 뇌리에 각인되었고 그만큼 편리하고 살기 좋은 곳이 되었다.

한 지역만 고성장을 지속하게 되면 자연스럽게 그 그늘이 생기게 마련이다. 수도권의 비약적 성장은 비수도권 지역의 정체 및 상대적 낙후를 불러왔다. 수도권이 성장과 발전을 거듭할수록 비수도권 주민들은 수도권으로 대대적인 이동을 해야 했다. 특히 고등학교나 중학교 졸업 뒤 좋은 일자리나 상급 학교를 찾던 젊은이들은 막대한 자취·하숙 비용 등을 감당하면서 수도권으로 이동해 직장이나 학교를 다녔다. 그렇게 수도권에 정착하는 동안 그들이 떠나온 비수도권 지역은 젊은 층이 사라져 경제적 침체가 지속되었다.

이러한 극심한 지역 불균형 현상에 대해 정부도 물론 꾸준히 대책을 세웠다. 1970년대에는 수도권 인구 집중을 막기 위해 서울과 경기도 소재 공장을 수도권 밖으로 옮기는 계획을 마련한 적도 있고, 서울에 이사 오는 것을 금지하는 법안을 만들려 하기도 했다. 그러나 그러한 균형 정책들은 경제성장 목표에 밀려 매번 흐지부지되기 일쑤였다. 국무회의에서 논의만 되다가 만 경우도 많고, 국무회의를 통과한 뒤 법까지 제정했는데 시행령을 만들지 않아서 시행되지 못한 경우도 있으며, 시행령까지 만들었지만 행정부가 시행령에 따른 업무 추진 계획을 10년이 넘도록 작성하지 않은 경우도 있다. 이렇게 1970년대부터 80년대까지 수도권 집중을 해소하려는 대책은 여러 번 나왔지만, 정부의 시행 의지가 너무도 부족해서 일관성 있게 추진된 적은 매우 적었다. 절차적 민주화가 이뤄진 1988년 출범한 노태우 정부에서 지역 균형 정책을 구체적으로 추진했지만 그 기간은 오래가지 않았고, 1992년과



| 시기<br>(년) | 수도권 집중도 | 대책 | 대책 내용 | 경과 | 비고 |
|---|---|---|---|---|---|
| 1964 | 산업 27.1%<br>인구 22.8% | 국무회의: 대도시 인구 집중 방지 논의 | 관공서 지방 이전, 대도시 중과세(영세민 도시 이주 억제), 지방 산업 지역 개발, 대도시 공장 확장 억제, 대도시와 인근 중소도시 간 고속 교통시설 설치, 농촌 문화 시설 및 복지·교육 시설 확충 | 시행 안 함 | 실제 정책은 서울−인천에 수출 산업단지 건설 |
| 1970 | 산업 37.5%<br>인구 28.3% | 건설부: 수도권 인구 과밀 집중 억제 종합 대책 | 서울, 부산 세금 인상, 지방 이전 공장에 면세 5년, 서울 전철 건설 | 서울 지하철 1호선 건설만 시행 | |
| 1977 | 산업 43.4%<br>인구 33.1% | 청와대 무임소 장관실: 수도권 인구 재배치 계획 | 행정수도 이전, 수도권 공장 신증축 억제, 공장 이전, 지방 공장 감세 및 융자, 서울 소재 고교 및 대학 확장 억제, 지방 고교 및 대학 육성, 공공기관 지방 이전 및 기존 서울 소재 기관 확장 금지, 상업 및 업무 시설 강북 도심에 신·증축 금지, 수도권 정비법 제정 | 같은 해 시행 계획까지 나왔지만 시행되지 않음 | 1982년 수도권 정비 계획법으로 재탄생 |
| 1982 | 산업 44.1%<br>인구 36.7% | 건설부: 수도권 정비 계획법 | 수도권 공장 지방 이전, 수도권 내 공장 신·증축 금지 및 억제, 업무 및 상업 건물의 서울 신·증축 억제, 대학의 수도권 입지 금지, 관공서 수도권 신설 금지 | 수도권 정비계획 작성(1984) 일부 대형 빌딩 서울 입지 억제, 대형 관공서 입지나 대학 입지를 억제함 | 중소기업의 수도권 입지를 막지 못함 |
| 1990 | 산업 47.8%<br>인구 42.8% | 상공부: 공업배치 기본계획 | 수도권 공장 입지의 억제 및 대규모 공장의 지방 이전 유도 | 몇몇 대기업 공장 지방 이전 | 수도권 과밀 다소 억제 |
| 1991 | 산업 48.1%<br>인구 43.3% | 건설부: 제3차 국토 종합 개발 계획 | 서해안 신산업 지대 개발 | 서해안 공단 건설 | 수도권 과밀 다소 억제 |
| 1994 이후 | 산업 48.7%<br>인구 44.8% | 건설부: 수도권 정비 계획법 시행령 완화 | 중소기업의 수도권 입지 허용, 대규모 택지 개발 사업 수도권 내 허용 | 수도권 내 대규모 택지 개발 및 중소기업 입지 | 1997년 이후 수도권 집중 다시 심화 |
| 2002 | 산업 48.6%<br>인구 47.1% | 행정수도 이전 정책 및 지역 균형 정책 | 행정수도 이전, 비수도권 지역에 기업 도시 건설 정책, 관공서 지방 이전 정책 (소위 '혁신 도시') | 시행 중 | 1997년 이후 수도권 집중 다시 심화 |

93년 경기 침체가 오자 다시 수도권 집중을 규제하는 법을 대폭 완화
해 버렸다. 그리고 1997년 IMF 위기가 오자 수도권 집중을 규제하는
정책은 더욱 완화되어 거의 유명무실해지는 지경에 이르게 되었다.

사실 우리나라의 수도권은 신규 산업의 입지 장소로 가장 적합한 곳
이다. 공업이든, 서비스업이든, 첨단산업이든 대부분의 기업은 수도권
에 들어서는 것이 유리하다. 가장 좋은 도로포장률, 통신 시설, 주택
시설, 교육 환경, 많은 인구(시장 및 노동력), 다양한 연관 산업, 풍부한

■ 산업별 수도권 집중도

| 구 분 | | 전 국 | 수도권 | 서울 | 인천 | 경기 | 집중도(%) | |
| | | | | | | | 수도권 | 서울 |
| --- | --- | --- | --- | --- | --- | --- | --- | --- |
| 국 토(05) | ㎢ | 99,646 | 11,730 | 605 | 994 | 10,131 | 11.8 | 0.6 |
| 인구(06) | 천명 | 49,624 | 24,127 | 10,356 | 2,664 | 11,107 | 48.6 | 20.9 |
| 산 업(06) | 취업(천명) | 23,151 | 11,363 | 4,906 | 1,228 | 5,229 | 49.1 | 21.2 |
| | 실업(천명) | 827 | 483 | 232 | 57 | 194 | 58.4 | 28.1 |
| | 지역총생산<br>(10억, 05) | 815,289 | 386,348 | 186,042 | 37,687 | 162,619 | 47.4 | 22.8 |
| 제조업(05) | 사업체 | 117,205 | 67,079 | 19,787 | 9,465 | 37,827 | 57.2 | 16.9 |
| | 종업원(천명) | 2,865 | 1,346 | 261 | 199 | 886 | 47.0 | 9.1 |
| | 제조업 생산<br>(10억) | 202,120 | 82,661 | 8,751 | 9,305 | 64,605 | 40.9 | 4.3 |
| 지역내총생산(05) | 총생산(10억) | 729,241 | 349,766 | 159,588 | 33,007 | 157,171 | 48.0 | 21.9 |
| 서비스업(04) | 사업체 | 759,591 | 365,029 | 181,394 | 35,977 | 147,658 | 48.1 | 23.9 |
| | 종업원(천명) | 3,278 | 1,824 | 1,086 | 135 | 603 | 55.6 | 33.1 |
| 대학교(06) | 학교수 | 175 | 68 | 38 | 4 | 26 | 38.9 | 21.7 |
| | 학생수(천명) | 1,888 | 717 | 451 | 40 | 226 | 38.0 | 23.9 |
| 의료기관(05) | 기관수 | 49,566 | 25,488 | 13,344 | 2,312 | 9,832 | 51.4 | 26.9 |
| 금 융(06) | 예금(10억) | 592721 | 407,361 | 299,425 | 20,899 | 87,037 | 68.7 | 50.5 |
| | 대출(10억) | 699430 | 469,374 | 291,319 | 33,705 | 144,350 | 67.1 | 41.7 |
| 자동차(05) | 총대수(천 대) | 15,397 | 7,114 | 2,808 | 800 | 3,506 | 46.2 | 18.2 |
| | 승용차(천 대) | 11,122 | 5,387 | 2,210 | 578 | 2,599 | 48.4 | 19.9 |

행정중심복합도시건설청

정보·기술·자금 등 기업 활동에 필요한 모든 것이 존재한다. 그러니 수도권을 더 키워 국제적인 경쟁력을 갖추자는 주장까지 나오는 것이다. 그러므로 우리나라에서 어떠한 규제도 없이 놓아두면 수도권에는 지속적으로 산업이 몰릴 수밖에 없고, 당연히 인구가 집중될 수밖에 없다. 현재는 수도권 정비계획법이라는 수도권 집중 규제 법안이 유일하게 수도권 과밀 속도를 지연시켜 주고 있는 제도적 장치다.

대기업 공장을 수도권 밖으로 이전시키면, 수많은 연관 중소기업 공장이 같이 이전해 가게 돼 수도권 집중을 어느 정도 완화할 수 있다. 그러나 스스로 수도권을 벗어나 입지하려는 대기업이 있을까? 아마 거의 없을 것이다. 아무리 세금을 깎아 주고 보조금을 줘도 수도권 밖으로 본사를 이전하는 대기업은 나타나지 않을 것이다. 이윤을 생명으로 하는 민간 기업에게 수도권의 집적 이익을 포기하라고 하는 것은 사실상 불가능에 가깝다. 그렇게 해서 결국은 청와대와 행정부가 이전하는 정책이 등장한 것이다. 물론 여기에는 수많은 공기업 본사의 이전 계획 역시 포함되어 있다.

수도를 이전하면 정부와 많은 공식·비공식 접촉을 해야 하는 기업은 정부를 따라 본사를 이전하거나, 적어도 연락 사무소를 설치해야 할 것이다. 공공기관과 기업이 이동하고 인구가 늘어나면 각종 주거·산업 기반 시설이 갖추어질 것이며, 상업·서비스 산업도 발전할 것이다. 그렇게 해서 수도권 집중도는 소폭이나마 완화될 것이라고, 수도 이전 정책을 제기한 사람들은 생각한 것이다.

## 누가 반대하는가?

극심한 지역 불균형을 안고 있는 우리나라에서 지역 균형을 이루기 위해서는 '특단의 대책'이 필요했고, 그래서 마련된 것이 수도 이전 정책이었다. 그러나 이 정책은 2002년 대통령 선거 당시부터 많은 반대에 직면했다. 많은 서울 시민들(압도적 다수는 아니었다)은 집값, 땅값의 하락을 걱정하며 반대했고, 수도 서울의 이점을 놓치기 싫은 서울시의 정치인, 서울 소재 대학의 학자 등 수많은 사람들이 600년 수도 서울의 '상징성'을 내세우며 반대했다. 물론 노무현 후보와 대립한 당시 한나라당도 반대했다.

노무현 대통령은 정부 출범 이후 수도 이전을 구체적으로 추진했고, 수도이전 특별법을 제정해 국회에서 통과시켰다. 야당인 한나라당은 처음에는 반대했으나 충청 지역 의원들과 충청 지역의 민심을 고려해 그 법안에 찬성할 수밖에 없었다. 그러자 수도 이전 반대자들은 이 법이 위헌이라며 헌법재판소에 헌법 소원을 냈다. 수도 이전은 국민투표 사안인데, 국민투표를 거치지 않아 국민투표권을 침해했다는 것이었다. 그런데 대부분 서울에 살고 있는 헌법재판소 위원들은 엉뚱하게도 헌법에 서울을 수도로 한다는 조항은 없지만, 조선의 법률책인 《경국대전》에 나와 있으므로 관습 헌법상 서울이 수도이고, 따라서 수도이전 특별법은 위헌이라는 판결을 내렸다. 관습법이 실정법 체계를 침해하는 상상도 못할 일이 벌어진 것이다.

이에 충청권 시민들 및 정치인, 학자들은 대대적으로 헌법재판소 규

■ 수도 이전을 찬성하는 집회(위)와 반대하는 집회

탄 대회를 열었고 많은 국민들은 헌법재판소를 비웃었다. 정부는 불복할 것인가도 고민해 봤지만 악법도 법이라는 명제하에, 청와대와 외교부·통일부·국방부 등 주요한 부처를 제외한 나머지 부처가 이전하는 행정도시 특별법안을 다시 제출했다. 수도 이전 반대자들은 이 법안은 수도 분할이라며 또다시 헌법재판소에 제소했지만, 헌법재판소는 각하 결정을 내렸다. 관습법을 들어 실정법을 말소시키는 것은, 법이 정치 영역에 부당하게 간섭한 것이라는 비판 앞에 헌법재판소 재판관들도 더 이상 맞설 수 없었던 것으로 보인다.

## 지역 의존과 지역 갈등

대한민국 국민은 누구나 거주 이전의 자유가 있어서 발전이 더딘 지역의 주민은 발전된 지역으로 얼마든지 이사를 갈 수 있다. 그런데 왜 사람들은 자신의 지역에 애착을 가지며, 자신의 지역이 발전하기를 원하고 발전이 늦어지면 반발하는 것일까? 왜 사람들은 거주 이전의 자유가 있음에도 한 지역에 뿌리박고 살 것처럼 행동하는 것일까?

지리학에서는 이러한 현상을 지역 의존(local dependence)이라는 개념으로 설명한다. 지역 의존은 인간의 존재 조건에서 기본적인 것으로서, 사람이 태어나고 자란 곳에 대해 경험을 축적하고 애착을 갖게 되면서 형성된다. 성장한 뒤 다른 지역에 거주하게 되더라도 성장기의 기억이 담긴 마을, 놀이터, 동무들과 마을 어른들에 대한 기억을 추억의 형태로 간직하게 된다. 마땅히 자신의 고향을 자신과 동일시하게 되고 고향의 발전을 기대하며 고향의 낙후를 염려하게 된다. 그뿐 아니라 자신이 현재 거주하는 곳은 자신의 생업이 집행되고 있는 곳으로서 많은 지역적 연관 속에서 존립하게 된다. 어떤 지역에서 공장을 운영하는 사람들은 공장 노동자의 다수를 지역 주민 중에서 채용하게 되고, 공장에 필요한 일용품을 지역 상점에서 구매하게 되며, 지역 주민들에게 제품을 판매한다. 그리고 지역 행정공무원과 행정적 절차를 협의해야 하고 지역 상공인들과 교분도 나눠야 하며, 지역의 부품 공장, 금융기관과 거래 관계도 유지해야 한다. 이런 식으로 특정 지역에 거주하며 생업을 유지하는 사람은 지역의 여러 요소들과 다양한 연관을 맺게 되고, 이 관계를 매개로 지역의 성장과 쇠퇴를 자신의 성장과 쇠퇴와 동일시하게 된다. 이것을 지역 의존이라 한다.

그러므로 지역 주민들은 자신의 지역 발전을 위해 다양한 중앙정부의 정책에 유불리를 따져 찬성 또는 반대 의견을 표출하게 된다. 중앙정부의 정책은 어떻게든 지역에 영향을 미치게 되므로 그 유불리에 따라 찬성 지역과 반대 지역이 나눠질 수밖에 없다. 고속도로 하나만 놓더라도 고속도로가 통과하는 지역과 통과하지 않는 지역이 존재하게 되고 그에 따라 찬반양론이 지역별로 엇갈리게 된다. 흔히 알려져 있는 혐오 시설에 대한 님비(NIMBY) 현상이나 선호 시설에 대한 핌피(PIMFY) 현상은 그 대표적인 사례다. 과밀 지역에 대한 명백한 억제 정책, 낙후 지역에 대한 명백한 진흥 정책인 수도 이전 정책은 당연히 뚜렷한 지역별 찬반 대립에 직면할 수밖에 없다.

　수도 이전을 둘러싸고 전개된 수도권과 비수도권, 특히 서울과 충청 간 치열한 대결은 이미 정책 자체에 내재되어 있었다고 보아야 한다. 그러나 그 이전에, 수도권과 비수도권의 갈등은 이미 사회 곳곳에 잠 재되어 있었다. 수도권이 지속적으로 성장하고 비수도권이 수도권에 비해서 그 성장 속도가 더딜수록, 즉 수도권 중심의 불균등 발전이 심 화될수록 비수도권의 불만은 누적될 수밖에 없다. 따라서 진정한 의미 의 지역 갈등 해소 정책은 수도권과 비수도권의 격차를 실질적으로 완 화하는 방법밖에는 없다. 물론 그것은 무척 어려운 일이지만.

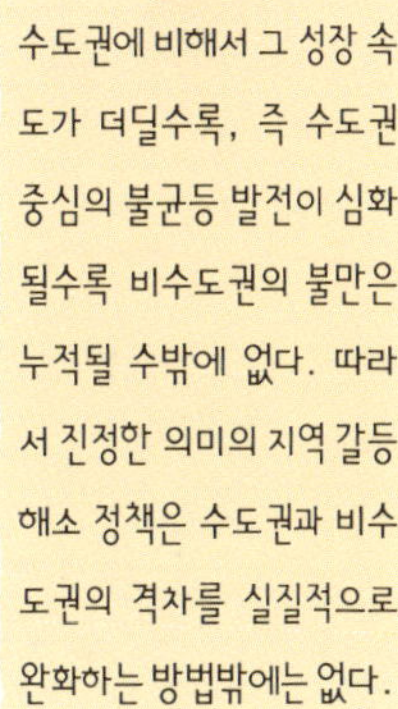

# 개천의 변신은 무죄?



서울 한복판을 흐르던 개천인 청계천은 육중한 콘크리트에 덮여 40여 년을 지냈다. 그리고 지난 2005년, 콘크리트는 철거되었고 청계천은 다시 햇볕을 받기 시작했다. 그런데 그 청계천이 '가짜'라고 한다. 흐르는 물은 청계천 물이 아닌 한강 물이고, 진짜 청계천은 아직도 차수막 밑을 흐르며 햇볕 구경도 못하고 있다고 한다. 도대체 청계천에선 무슨 일이 있었던 것일까?

# 생활하수 청계천

청계천은 한양의 개천이었다. 조선이 한양에 새 도읍을 정할 때, 배산임수의 원리에 따라 청계천을 앞에 두고 백악●을 뒤로 두는 위치에 왕궁을 건립했다. 그러므로 인왕산 기슭에서 발원하는 이 조그만 하천은 왕도 한양의 가장 핵심적인 상징이었다. 당시 사람들은 청계천을 개천(開川)이라고 불렀는데, 말 그대로 개천이기도 했거니와 태종 때 준설(모래를 퍼내는 작업) 및 개수(물길 정비) 작업을 했기 때문이기도 했다. 어쨌든, 한양에 도읍이 정해지자 사람들이 몰려들어 왕궁 주변은 고관대작의 집들로, 그 아래쪽은 중인, 아전, 평민, 상인, 수공업자, 노비 등의 집으로 넘쳐났다. 자연스럽게 청계천 주변과 그 너머 남산 아래까지 집들이 가득했으므로, 우리의 개천은 도시 한가운데를 흐르는 하천이 되었다. 상하수도 시설이 특별히 없던 개천은 아낙들의 빨래터요, 아이들의 물장구 놀이터요, 각종 생활하수의 방류장이었다. 그리고 대개 동네 하천이 그렇듯 도시 빈민들의 움막과 불량 주택들이 다리 아래쪽을 중심으로 늘어선 곳이었다.

일제강점기, 개천은 청계천으로 이름이 바뀐다. 한반도를 강점한 일본이 우리나라의 모든 하천을 정리해 기록하면서 그간 개천으로 불리어 오던 것을 청계천이라고 바꾼 것이다. 그 뒤 그들은 개천의 이름만 바꾸는 데서 그치지 않고 개천, 아니 청계천을 복개해서 도로로 만들려 했다. 천변에 움막을 짓고 사는 빈민들이 보기 싫었는지, 아니면 쓰레기에서 나는 악취가 싫었는지(늘 도시계획가들의 개발 명분은 '미관



● 백악

청와대 사진 뒤에 보이는 예쁜 모양의 산인 북악산을 말한다.

상' 안 좋다는 이유다) 그들은 청계천을 시멘트 콘크리트로 덮어 버리려 했다. 그러나 그 계획은 여러 가지 사정으로 미루고 미뤄지다가 해방을 맞이하고 한국전쟁을 거쳐 그대로 1950년대까지 이르렀다. 결국 청계천의 '지저분한 물골'을 견디지 못한 이승만 정부가 1958년부터 3년간 대대적인 복개 공사를 벌여 광통교에서 동대문 운동장까지 콘크리트 덮개로 덮어 버렸다.

박정희 시대에도 그 불도저 같은 개발 드라이브로 청계천 복개 공사

를 지속해 1977년에는 신답역 부근까지 덮어 버리고, 그 위에 고가도로를 가설했다. 하천이 흐르던 청계천 위로 자동차가 다니는 2층짜리 도로를 만들어 버린 것이다. 물론, 천변에 붙어 살던 '거지'들, 판잣집에 살던 도시 빈민들은 당시 서울의 변두리이던 봉천동, 신림동, 상계동 등지로 쫓겨났다.

## 콘크리트 더미에 묻혀

청계천을 복개하고 거기에 고가도로를 가설하게 된 것은 빠르게 도시화되는 서울 도심의 교통 수요를 수용해야 했기 때문이다. 그렇게 청계천을 복개해서 도로를 확충했지만, 문제는 고가도로 아래쪽은 거대한 콘크리트 더미에 가려져 전면 공간이 되지 못한다는 것이었다. 그리하여 청계천은 도심에 위치하면서도 교통로로서의 기능만 하였고, 노변 번화가로서의 기능은 살릴 수 없었다. 청계천변에는 종로변이나 을지로변처럼 번화한 상업·서비스 시설이 입지하지 않았고, 공구상, 조명 가게, 건재상, 헌책방, 의류점, 신발 가게, 타월 가게 등 영세 소규모 상점들이 들어섰다. 길가에는 노점들이 들어서서 각종 잡화를 판매했고, 오토바이와 용달차가 매일 수십 번씩 오가며 물건을 싣고 내렸다. 청계천 동쪽은 을지로 5·6가 쪽과 마찬가지로 소규모 의류 제조업체, 인쇄업체, 금속 가공업체들이 밀집해 있었다.

요컨대 청계천변은 도시의 소비 지향적 상업·서비스 시설보다는

■ **청계천 복원 전(왼쪽)과 복원 후** 청계천 복원 공사 이전에는 청계천 위로 고가 도로가 지나고 있었다.

도시 내 수요를 충족하기 위한 생산적이거나 중간 소비적인 기능들이 밀집해 있는 곳이었다. 소규모 인쇄소들은 명함, 달력, 문구류, 팸플릿, 청첩장, 보고서 등을 만들며 인근 업무 지구의 수요에 대응했으며, 각종 의류 및 기타 피복 제조업체들은 도시민의 피복 수요를, 공구상이나 건재상, 조명 가게 등은 각종 건설업 관련 업체들의 수요를 위한 것이었다. 청계천은 그렇게 40여 년간 산업화 시대 서울 도시 기능의 동력으로서 작동했다.

한편 서울은 점점 거대하게 확대되었고, 공장들은 서울 바깥으로 옮겨 갔다. 대신 서울 도심에는 대기업 본사, 금융·법률 등의 사업 서비스 기능, 소비 지향적 상업·서비스 기능이 더 많이 입지하게 되었다. 지대는 상승했고 그 서슬에 몇몇 지역은 재개발되어 낡은 주택들이 있던 자리에 백화점, 대형 빌딩이 들어섰다.

무교동이 그랬고, 다동 일부가 그랬으며, 소공동과 장교동이 그랬다. 도심 지역의 땅값은 평당 수천만 원을 기록했다. 청계천 지역의 땅값 역시 그렇게 치솟아야 했지만, 고가도로의 육중한 콘크리트에 가려져 있어 인근 도심부 땅값의 절반에도 미치지 못했다.


## 지대와 지대 격차

지대 법칙은 자본주의 경제체제하에서 작동하는 공간 조직의 냉혹한 법칙이다. 일정한 면적의 땅을 이용하려면, 즉 어떤 장소에서 거주하거나 장사를 하거나 공장을 돌리기 위해서는 어떤 형태로든 그 이용 대가를 처러야 한다. 토지나 건물을 이용한 대가를 땅 주인에게 내야 한다는 말이다.

국토의 일부를 조각낸 뒤 그 조각을 개인에게 주어 소유권을 인정하는 제도는 지극히 근대적인 것이다. 동양에서나 서양에서나 전통적으로 토지는 신이 부여한 것으로서 마을 공동소유거나 나라의 것이었다. 토지가 공유 혹은 국유라면 개인이 독점할 수 없고, 개인이 독점할 수 없다면 그것을 자유롭게 사고팔 수 없다. 그렇게 자유롭게 사고팔 수 없으니 당연히 '가격'이란 것이 성립될 수가 없다. 토지를 이용하려는 개인들은 국가로부터 이용 권한을 부여받아야 했다. 국가는 그 이용 권한을 관리나 공신 혹은 경작자에게 주는 방식으로 토지를 관리해 왔다.

근대 자본주의 사회가 발달하면서 국가는 개인의 배타적 토지 소유권을 인정했고, 개인은 자신의 땅을 '자유롭게' 사고팔 수 있게 되었다. 이러한 매매의 자유 개념이 그 유명한 프랑스혁명에서의 '자유' 개념이다. 이 매매의 자유는 수요-공급의 원리에 따라 가격을 낳고, 그 가격은 늘 사람들을 배제한다. 사려는 사람이 10명이고 팔 것이 1개라면, 가격은 바로 9명을 배제하기 위한 것이다. 경매장에서 작동하는 냉혹한 법칙처럼 말이다.

이렇게 토지의 배타적 소유권이 확립되고 토지의 매매 가격이 발생하면, 그로부터 토지 이용에 대한 가격이 파생된다. 지주, 곧 땅의 임자가 공짜로 그 땅을 빌려 줄 가능성이 없기 때문이다. 학생들이 자취나 하숙을 하려 해도 방 하나 빌려 쓰는 데 상당한 대가를 지불해야 하듯이, 아무것도 없는 땅을 빌리는 데에도 일정한 대가를 지불해야 하는 것은 당연하다. 그 대가가 바로 '지대(地代, rent)'다.

그렇다면 어떤 곳이 지대가 높을까? 당연히 토지 이용자가 몰려드는 곳이다. 그렇다면 어떤 곳에 토지 이용자들이 몰릴까? 당연히 교통이 편리하고 유동 인구가 많아 장사가 잘되는 곳이다. 같은 조건이면 깨끗하고 설비가 좋은 건물을 빌리려 한다. 종로나 명동, 강남역처럼 간선도로가 교차하고 전철이 통과하거나 교차하는 교통의 결절이 바로 그런 곳이다. 지대는 그런 곳과 가까운 곳일수록 높다. 그런 '목 좋은' 곳에서 장사해야 수지가 맞기 때문에 토지 이용자들이 그런 곳을 빌리려고 '혈안'이 되는 것이다. 그런 목 좋은 토지는 한정되어 있고, 그런 곳을 빌리려는 토지 이용자들이 몰려 서로 입찰 경쟁을 해서 임대 가격을 무한히 올려놓는다.

"자, 강남역 1번 출구 ○○빌딩 2층 50평짜리 매장입니다. 평당 월 500만 원부터 시작하겠습니다. 네, 벌써 600만 원 나왔네요. 아, 저기 800… 오, 850… 앗, 저기 900… 아주 관심들이 많으시군요. 자, 900 나왔습니다… 더 이상 없습니까? 950 나왔습니다. 앗, 드디어 1000만 원 나왔습니다. 요즘 강남 상권이 뜨고 있다는 소문이 사실인 것 같습니다. 저기 벌써 1200 부르시는 분이 계십니다!!!! 더 없습니까? 저분 아마 작심하고 나오신 듯한데요."

이러한 경매 과정은 지대를 지불할 능력이 없는 다수의 토지 이용 경쟁자들을 배제한 채 최고 입찰가를 제시하는 1명에게 그 이용권이 돌아가게 한다.



● 토지의 매매가는 '지가(地價, land price)'라고 한다.

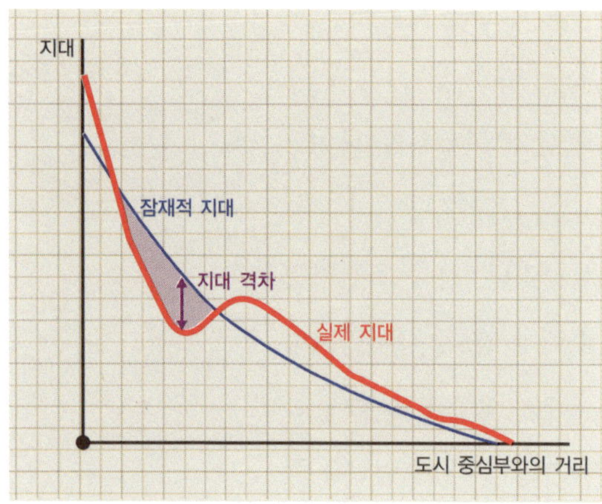



■ **지대 격차** 지대 격차는 실제 지대와 잠재적 지대의 차이를 말한다.

결국 지대의 차이는 위치의 가격, 즉 좋은 위치의 가격이다. 물론 건물의 질도 영향을 미치지만, 같은 평수·같은 층·같은 건물 상태일 때 위치에 따라 달라지는 임대 가격이 바로 지대인 것이다. 그런데 위치는 좋은데 건물 상태가 50년 된 낡은 건물이라면? 당연히 지대는 낮을 것이다. 주변 경관이 나빠도 지대는 떨어진다. 그래서 위치상으로 보면 지대가 높은 곳인데, 건물 상태나 주변 경관이 나빠서 지대가 낮을 때, 이 차이를 지대 격차라 한다. 건물이 낡아서 지대가 낮지만 새로 건축하면 위치에 따라 좋아질 것이 예상되는 경우, 건물이 낡아서 낮아진 지대를 실제 지대(actual rent)라고 하고, 위치만 생각했을 때의 높은 지대를 잠재적 지대(latent rent)라고 한다. 그리고 이 둘의 차이를 지대 격차(rent gap)라고 한다. 지대 격차가 크다는 것은 위치는 좋지만 건물이 낡고 주변 경관이 나쁘다는 것을 말한다. 그렇다면 건물 주인은 비싼 돈을 들여 건물을 다시 지으려 할 것이다.

## 청계천과 지대 격차

청계천은 그런 곳이었다. 도심의 중심부와 가까워서 위치상으로는 좋은데, 고가도로가 지나고 주변 건물들이 낡아 실제 지대는 낮았던 곳이다. 청계천에 있는 건물들은 인근 도심 건물의 절반 이하 가격에 거래되었다. 그래서 지대 지불 능력이 낮은 공구상, 영세 인쇄업체, 조명 가게 등이 입지했었고 헌책방, 노점 등이 북적거렸다. 그곳은 영세 자영업자들의 세상이 되어 있었다. 청계천은 개천으로 흐를 때부터 도시 빈민들의 공간이었고, 도시 폐기물의 공간이었듯이 복개 이후에도 여전히 도시 저소득층 혹은 중하위층의 공간이었던 것이다. 보통 저소득층과 중하위층을 대충 뭉뚱그려 '서민'이라고 부르는데, 바로 그러한 도시 서민의 공간이 청계천이었다. 청계천의 공구상, 조명상, 인쇄업체, 헌책방 등의 주인들은 대개 건물을 임대해서 영업을 했고, 간혹 건물주이면서 영업을 하는 경우도 있었다. 길가에는 노점들이 늘어서서 생계를 이어 가고 있었다. 길 건너 종로나 명동이 점점 화려해지는 것과 대조적으로 육중한 고가에 가려진 곳이었다. 그만큼 점점 지대 격차는 커지고 있었다.

지대 격차가 커지면서 토지를 소유한 지주, 그곳에 빌딩을 지어 운영하기를 원하는 자본가, 지가가 낮은 상태에서 땅을 사들여 건물을 지은 뒤 비싼 값에 팔고자 하는 개발업자 등은 그곳이 어떻게든 활성화되기를 기대하고 있었다. 그리고 도시계획가들의 눈에는 흉물스런 고가도로가 '미관'상 좋지 않게 여겨졌을 것이고, 문학적 상상력을 발휘하는 예술인들이나 역사학자들은 조선 시대의 청계천이 다시 살아나기를 기대하고 있었다. 여기에 십분 부응한 사람이 바로 개발 시대 현대건설 사장으로 명성을 날린 이명박 전 서울시장이었다. 그는 2001

년 서울시장에 출마하면서 청계천 복원을 공약으로 내걸었고, 그 명분으로 역사 복원, 문화 공간 조성 등을 내걸었다. 그래서 청계천 옛 다리들을 복원하고 깨끗한 물이 흐르게 한 뒤 시민을 위한 도심 속 휴식 공간을 만들겠다고 했다. 그리고 청계천 주변도 같이 재개발해서 낡은 1~2층 건물들을 헐고 고층 빌딩을 지어 청계천 변을 금융·상업·서비스 공간으로 화려하게 탈바꿈시키겠다는 계획을 발표했다. '미관'상 훌륭하지 않은가?

이명박 시장은 취임 첫해인 2002년 7월 청계천복원추진본부를 꾸려 복원을 시작했다. 많은 사람들의 우려가 있었지만 왕년에 '불도저'로 불렸던 그답게 계획을 밀어붙였고 2003년 7월, 드디어 청계천 고가도로가 철거되었다. 이 과정에서 청계천변 건물주들의 반발로 천변 건물들은 손대지 않기로 하고 하천 부분만 복원하는 것으로 계획을 축소했다. 남아 있는 반대자들은 천변의 노점상들뿐이었다. 서울시는 이들이 불법 점유자라는 이유로 요구를 들어주지 않았고 대신 동대문운동장에 시장을 열도록 해 주었다.

동대문운동장 철거 사업으로 2008년 4월에는 그것마저도 신설동으로 옮겨야 했다.

　청계천은 본디 우기(雨期)에만 물이 흐르는 건천(乾川)으로 자연 하천처럼 일상적으로 물을 흐르게 하는 것은 불가능하다는 반론에, 서울시는 한강 물을 끌어다 쓰면 되고 부족하면 지하철에서 나오는 지하수를 더하겠다고 맞섰다. 더러운 한강 물과 악취가 나는 본디 청계천 물의 쾌적성은 어떻게 담보하느냐는 반론에는, 강바닥에 차수막을 쳐서 원래 물은 그 아래로 흐르게 하고 끌어들인 한강 물은 정화조를 거치게 한 다음 차수막 위로 하천이 흐르게 하면 된다며 밀어붙였다. 평상시에는 그렇다 쳐도 비가 많이 오면 천변의 하수관을 열어야 하는데 이때 생활하수가 청계천으로 흘러들 것 아니냐는 비판에도, 비오는 데 누가 오겠냐면서 빗물이 오염 물질을 다 쓸어가니깐 괜찮다고 받아쳤다. 한강 물을 끌어오고 2급수를 유지하고 강바닥 청소하는 데 한 해에 수십 억 드는데 그런 돈을 들여 유지할 만한 가치가 있느냐는 반론에는 그렇게 많이 들지 않는다고 되받았다. 또한 청계천 상류인 백운동천 등과 아무런 연속성도 없는데 그게 하천이냐는 반론에 물이 흐르면 하천 아니냐며 되물었다.

　서울시가 역사 복원의 하나로 내세웠던 광통교 복원은 모형으로 대체했고, 수표교 또한 화강암 모조품으로 대신했다. 이에 문화재 담당 복원위원들이 사퇴했고, 청계천 복원은 자연적으로도 문화적으로도 '복원 아닌 복원'이 되고 말았다. 10만 톤 정도 되는 한강 물을 끌어다 쓰는 전기 비용, 기타 유지 비용을 포함해 매년 수십 억이 들어가든 어떻든 청계천은 흘렀고 분수가 생겼으며 수초도 심어졌고 휴식 공간도 만들어졌다. 사람들은 새로워진 휴식 공간에 열광했고 하루에도 수만

명이 방문하는 서울의 명소가 되었다. "길이 5.8km나 되는 긴 콘크리트 어항"이라는 혹평이 있거나 말거나.

어쨌든 2005년 10월 새롭게 조성된 청계천이 개장하고 둔중한 콘크리트 고가의 그늘에 가려졌던 천변의 낡은 건물들이 햇볕을 받자마자 새로운 변화가 시작되었다. 자신들은 영향 받지 않는다며 복원 반대 운동에서 빠졌던, 공구상, 조명상, 헌책방 주인들은 냉혹한 지대 법칙에 의해 쫓겨날지 몰랐던 것일까? 그들은 결국 고급 레스토랑을 하겠다며 거액의 임대료를 내는 자본가에게 자리를 내줘야 했다. 토지·건물 주인들은 더 많은 임대료를 내겠다는 이들을 마다하지 않았다. 수십 년간 같은 공구상에게 임대료 받아 가며 쌓은 '정'이고 뭐고 하는 것들에 연

■ **청계천 주변의 변화** 청계천이 복원된 후, 소비 지향적 상점들이 들어서기 시작했다.

연할 일이 아니었다. 천변에는 하나 둘 커피숍, 피자 가게, 레스토랑 등 고급스러운 외양의 소비 지향적 상업·서비스업을 하는 건물이나 매장이 들어섰고, 그전에 그 자리를 차지하던 공구상, 조명 가게, 건재상, 헌책방, 인쇄소 등은 하나 둘 사라졌다. 그들은 어디에서 무슨 일을 하고 있을까? 그리고 지금 청계천의 주인은 누구일까?

# 인동 장씨는 알아도 인동은 모르는 이유



누군가 고향이나 본관이 어디냐고 물어보면 우리는 보통 기초자치단체 단위의 행정구역으로 대답을 한다. 본관에 기초 행정구역인 김해, 밀양, 전주, 경주는 있어도 광역 행정구역인 경기, 호남, 경남, 충청은 없다. 이것은 본관이 처음 생겨났을 때 사람들이 느낀 지역성의 인식 범위와 관련이 있다. 한편 안동 김씨, 진주 정씨, 순천 박씨에서 나오는 지명은 쉽게 알 수 있는데, 인동 장씨, 평해 황씨에서 나오는 지명은 지도에서 찾기가 쉽지 않다. 이것은 성씨가 만들어진 이후 해당 지역에 행정구역 개편이 있었음을 의미한다. 이와 같이 우리 주위에는 지역의 변천을 알게 해 주는 다양한 지표가 존재한다.

# 지역성을 형성하는 기본 단위, 행정구역의 역사

한국, 중국, 일본, 베트남 등 동아시아 문화권은 몇 가지 문화 요소를 공통적으로 가지고 있다. 한자, 유교 및 불교 문화, 율령국가 체제 등이 대표적인 것들이다. 이 율령의 가장 기본이 행정구역이다. 행정구역 단위로 중앙정부에서 행정관을 파견하고 각 고을의 특징에 맞게 행정을 집행하면서 자연스럽게 하나의 기능 지역이 형성되었다.

동아시아가 사용하고 있는 행정구역의 역사를 거슬러 올라가 보면 진시황제까지 이른다. 진시황제 이전 중국, 곧 주나라의 통치 방식은 왕이 넓은 나라를 직접 관리하기 어려워 중앙만 직접 다스리고, 나머지 지역은 친인척이나 공신들에게 나눠 주어 대리 통치를 시키는 봉건제도(封建制度) 방식이었다. 초기에는 이 방법이 효율적이었지만, 시간이 지나며 혈연 의식이 약화되자 곳곳에서 반기를 들기 시작했고, 왕이라 칭하는 자들이 나타나 크고 작은 나라를 세우며 춘추전국시대라는 혼돈의 시대로 접어들었다.

이 혼란한 중국을 통일한 진시황제는 봉건제도의 폐해를 극복하고자 새로운 제도를 고안해 내는데, 그것이 바로 전국을 직접 황제가 다스리는 군현제도다. 국토를 군(郡)과 현(縣)으로 나눈 뒤 군주가 직접 지역 통치자를 파견하는 방식으로 관리가 파견되면 주현(主縣), 그렇지 않으면 속현(屬縣)이라고 불렀다.

이 방식은 대부분의 동아시아 문화권에서 유사성을 지니면서 사용되고 있는 기본 행정제도다. 우리나라에서는 삼국시대부터 도입되어 사용되다가 고려 시대에 기본 골격이 완성되어 조선 시대에는 모든 군현에 관리가 파견되었다. 행정의 효율을 강화하기 위해 전국을 8도(道)로 나누고 그 아래는 인구 규모나 중요도에 따라 현재 기초자치단체에 해당하는 부-목-군-현으로 위계를 두었다. 그리고 행정단위를 상하로 세분화해서 도-군-면-리 체계를 완성했다. 정보 통신과 교통이 혁신적으로 변한 현재까지도 우리나라에서는 이 네 단계의 행정구역 체계가 그대로 유지되고 있다.


## 전통적 지명과 지역성

조선 시대에 8도를 기본으로 하는 광역 행정구역이 완성되었지만 전통적으로 각 지역을 부르던 명칭은 따로 있었다. 행정구역 명칭은 편하게 그 지역에서 가장 큰 두 고을의 이름에서 따왔지만, 전통적인 지명은 그 지역의 역사성과 지역성을 반영했다. 전통 지명은 지역의 교류를 가로막는 높고 연속성이 강한 산맥이나 이를 관통하는 고개, 큰 하천 등을 기준으로 삼아 명명했다. 예를 들어, 백두대간을 관통하는 철령(鐵嶺)의 북쪽을 관북, 서쪽을 관서, 동쪽을 관동이라고 칭했다. 관북(關北)은 함흥과 경성(혹은 경흥)에서 한 글자씩 따와 함경도라 했고, 관서는 평양과 안주에서 이름을 따온 평안도, 황주와 해주에서 따온 황해도로 나뉘었다. 관동은 강릉과 원주에서 이름을 가져와 강원도라고 했다. 또 다른 백두대간을 넘는 고개인 문경새재의 남쪽인 영남(嶺

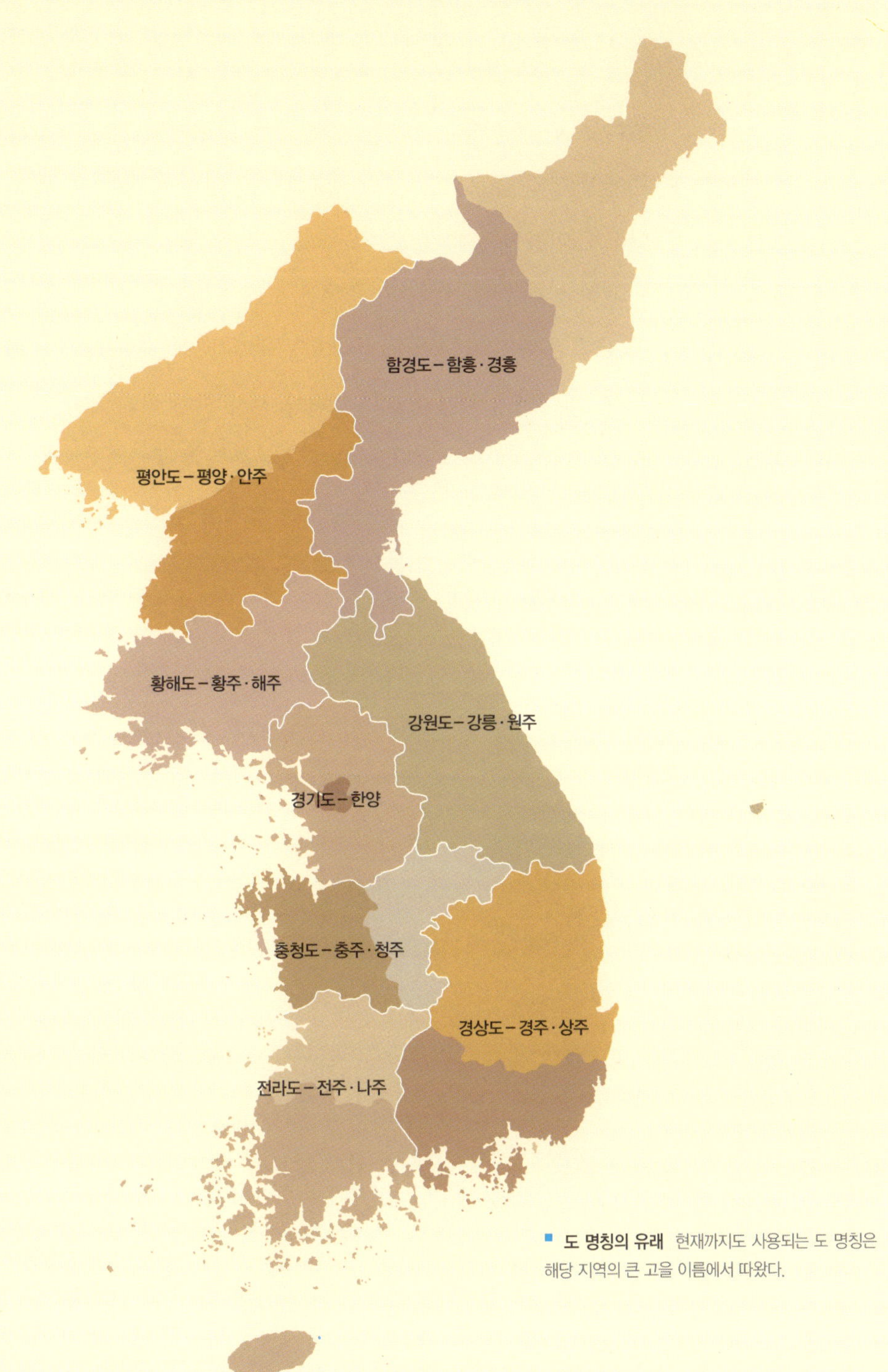


■ **도 명칭의 유래** 현재까지도 사용되는 도 명칭은
해당 지역의 큰 고을 이름에서 따왔다.

南)은 경주와 상주의 첫 글자를 합쳐 경상도라 칭했고, 농경 문화를 대변하듯 큰 물줄기나 호수를 기준 삼아 붙여진 호서(湖西)는 충주와 청주에서 따와 충청도로, 호남(湖南)은 전주와 나주의 첫 글자를 합쳐 전라도로 이름이 정해졌다.

고려 시대 이후 약 1000년 동안 오랜 전통을 바탕으로 지역성에 따라 나뉘어 있던 우리의 행정구역은 일제강점기에 커다란 변화를 맞게 된다. 1914년 일제는 우리나라를 일원적 식민 지배 체제 속에 통합하기 위한 작업을 진행했다. 수많은 부·군을 통폐합하고 8도 중에서 몇 개의 도를 남북으로 나누는 등의 큰 작업을 했다. 대표적인 예로 충청남도는 표에서 보듯 많은 변화가 발생했다. 36개의 군현이 14개로 축소·개편되었으며 평택은 경기도로 이관되었다.

해방 이후 1963년에는 금산이 전라북도에서 이관되어 왔고, 1989년 태안군이 서산군에서 다시 분리 독립해 현재의 충청남도 모습이 완성되었다.

일본에 의해 큰 변화를 겪었던 행정구역은 분단 이후 다시 한 번 크게 변하게 되는데 북쪽은 북쪽대로 남쪽은 남쪽대로 각각의 행정구역을 편성하게 된다.

북쪽은 일제강점기에 형성된 5도에 휴전선 이북의 강원도, 압록강과 두만강 상류에 양강도, 평안북도 서쪽 부분에 자강도를 신설하고, 황해도를 남북으로 나눠 총 9개의 도를 구성했다. 이때 북한



| 행정구역 개편 이전 | 행정구역 개편 이후 |
| --- | --- |
| 천안, 직산, 목천 | 천안 |
| 아산, 온양, 신창 | 아산 |
| 당진, 면천 | 당진 |
| 서산, 해미, 태안 | 서산 |
| 예산, 덕산, 대흥 | 예산 |
| 홍주, 결성 | 홍성 |
| 보령, 오천, 남포 | 보령 |
| 청양, 정산 | 청양 |
| 서천, 비인, 한산 | 서천 |
| 부여, 홍산, 임천, 석성 | 부여 |
| 공주 | 공주 |
| 은진, 노성, 연산 | 논산 |
| 회덕, 진잠 | 대전 |
| 연기, 전의 | 연기 |

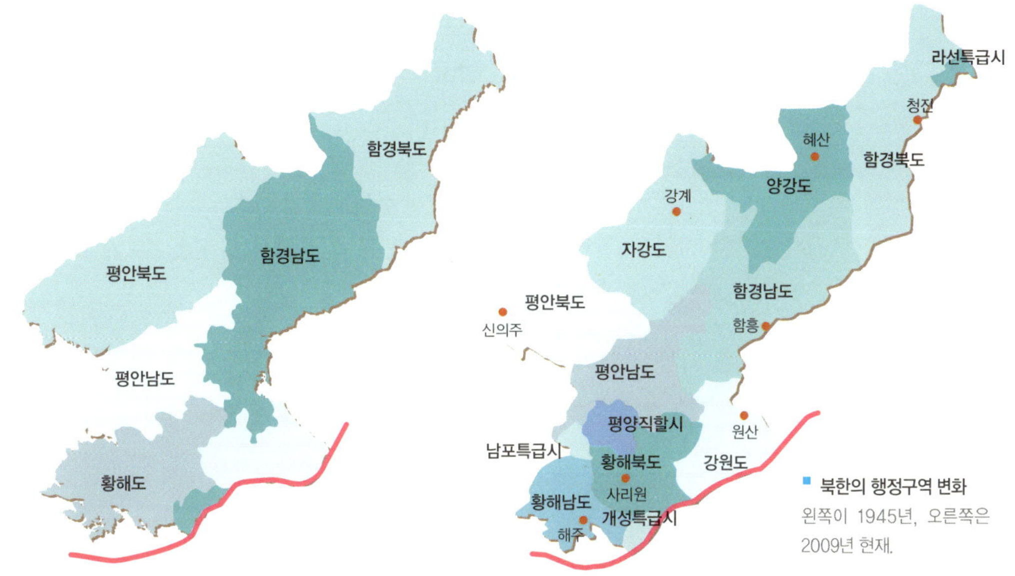




은 기존 4단계의 행정구역 체계를 3단계로 축소했다.

한편 남쪽은 제주도를 신설해 9도로 삼고, 기존 4단계 행정구역 체계를 유지하면서 인구 2만 이상이 된 면을 읍으로, 5만 이상의 읍을 시로 승격시켰고, 시 구역에는 면·리를 동으로 개편해서 3단계 행정구역 체계를 만들었다.



## 성씨의 본관으로 본 지역성의 변화

우리가 살고 있는 최소한의 공간적 단위가 지역이다. 지역은 기후, 산업 같은 동질적인 요소와 교통, 행정구역 같은 기능적인 요소로 묶이게 되는데 이것을 지역성이라고 한다. 지역성은 단편적이고 고정된 절대적 개념이 아닌 상대적이며 변화 가능한 것이다. 지역성의 변화는 점진적으로 오랜 시간을 두고 일어나기 때문에 경관이나 지명으로 그 변화를 유추해 볼 수 있다.

한 지역의 지역성의 변화는 다양한 측면에서 살펴볼 수 있다. 먼저, 앞에서도 언급했던 성씨(姓氏)의 본관(本貫, 관향)으로 행정구역 변화에 따른 기능 지역의 변화를 알아보자. 우리나라 국민이면 누구나 성씨를 가지고 있으며 일부 성씨를 제외한 대부분의 성씨는 행정구역 중 현재 기초자치단체에 해당하는 본관을 가지고 있다.

밀양 박씨, 김해 김씨, 전주 이씨는 우리나라에서 인구 1, 2, 3위를 다투는 본관들이다. 이 본관들은 성씨만큼이나 유명해서 지도에서도 쉽게 찾을 수 있다. 이와 함께 성씨별 인구 20위 내에 드는 유명한 성씨의 본관 중 강릉 최씨, 진주 강씨, 청주 한씨 역시 다른 설명이 없어도 쉽게 알 수 있는 도시들이다.

그러나 20위 내에 있는 성씨 중 생소한 본관들이 있다. 인동 장씨(仁同張氏), 순흥 안씨(順興安氏), 남평 문씨(南平文氏), 여산 송씨(礪山宋氏) 등이 그것들이다. 지금 이 본관들은 성씨의 인지도에 비해 지도에서 찾기가 쉽지 않다. 1914년까지는 군청 소재지로 지역의 행정 중심지 역할을 한 인동은 행정구역 통폐합으로 경북 칠곡군과 통합되었다가 나중에 구미시와 통합되어 지금은 구미시의 일개 동(洞) 명칭으로 남아 있다. 또한 순흥은 경북 영주, 남평은 전남 나주, 여산은 전북 익산과 통합되어 면(面) 단위 행정구역으로 남아 있다.

본관은 한 성씨의 발흥 지역이다. 원래 출발은 현재 기초자치단체에 해당하는, 조선 시대 이전 군현의 지명이었다. 성씨의 본관 대부분이 지금 시군의 명칭과 일치하는 것이 그러한 이유다. 하지만 1914년 일본에 의한 행정구역 통폐합 때 많은 군들이 사라지고 지금은 본관에서만 그 지명이 명맥을 유지하고 있다.

## 교육기관의 흔적으로 본 지역성의 변화

과거와 현재 우리가 사는 지역의 지역성 변화를 알아보는 또 다른 좋은 지표로 향교(鄕校)가 있다. 옛날 서당이 지금의 초등 교육기관이었다면, 향교는 지금의 중등 교육기관에 해당한다. 서당이 사립이었던 데 비해 향교는 모두 공립 교육기관으로 국가의 법령에 따라 설치되고 운영되었다.

조선은 유교를 국가 통치의 이념으로 삼아 널리 장려했다. 이에 각 고을마다 향교를 세워 교육과 미풍양속 보존에 힘썼다. 각 고을의 크기에 따라 학생들을 수용할 수 있는 다양한 규모의 향교를 세워 향교가 없는 고을은 거의 없었다. 조선의 멸망은 불과 100년 전 일이다. 향교의 존재는 곧 그 지역의 근현대사를 알려 주고, 그 지역 중심지의 변화를 알려 주는 지표가 된다.

조선 시대 서울인 한양에는 향교가 없었다. 대신 고등 교육기관으로 성균관과 5부학당이 있었다. 서울에서 가장 가까운 군현으로 서쪽에 양천현이 있었는데, 그 양천현에 양천향교가 있었다. 이 양천현은 1914년 대대적인 행정구역 개편 때 주변의 김포, 통진과 함께 김포군이 되었다. 이때 양천현 지역은 양동면, 양서면으로 개편되어 김포군에 편입되었다. 그 후 서울의 확장으로 1964년 서울로 편입되어 영등포구와 강서구를 거쳐 양천구에 그 이름이 남아 있으나, 원래 중심지는 강서구 가양동 일대다. 가양동에 가면 양천현 고성터와 양천향교가 복원되어 있고 지하철 9호선에 향교역이 그 흔적을 알려 주고 있다.

대전과 부산은 일제강점기에 급속히 발전한 도시로 역사가 그리 오래되지 않았다. 이 도시 이름을 가진 향교가 없다는 점이 그것을 말해 준다. 대전은 회덕현과 진잠현 사이 변두리에 있었다. 한적한 농촌 마을에서 경부선과 호남선이 갈라지는 분기점의 교통 요충지로 발전하면서 주변의 회덕과 진잠을 동(同)으로 거느리는 대도시로 발전했다.

부산은 동래부의 포구에서 일본의 개항장으로 급속히 발전해 모(母)도시 동래를 편입해 성장을 거듭하다 우리나라 제2의 도시로 발전했다. 한적했던 부산포는 일본에 의해 강제 개항된 후 급속도로 발전하더니 1914년 행정구역 개편 때 동래에서 분리되어 지금의 시(市)에 해당하는 행정구역인 부(府)가 되었다. 그 뒤 1925년 진주에 있던 경남도청이 이전해 왔으며 1942년에는 동래 읍내가 부산에 편입되었다. 해방과 한국전쟁의 혼란 속에 부산은 임시 수도로 급성장해 1951년 62만 명이었던 인구가 1979년에는 300만 명을 돌파했다. 대전과 부산 같은 경우는 군산과 목포에서도 찾아볼 수 있다.

동래 부산의 경우처럼, 전통적인 행정구역의 중심지가 쇠퇴하고 새

로운 중심지가 부상하는 일이 최근에도 몇몇 도시에서 일어났다. 가
장 대표적인 예가 선산군의 구미시 편입이다. 예전에는 선산군 구미
면이던 것이 지금은 구미시 선산읍이 되었다. 구미는 공업화가 급속
도로 진행되던 1970년대에 왜관군 인동면을 편입해서 시로 독립했
다. 인동 장씨로 유명한 인동에 인동향교가 있는 것으로 보아 조선 시
대에는 인동현의 행정 중심지였을 것이다. 향교로만 보면 구미향교는
없지만 구미시에는 선산향교와 인동향교가 있다. 이와 같이 현재 행
정 중심지에서 멀리 떨어져 있는 향교는 그 지역 행정구역 역사를 알
려주는 훌륭한 유물·유적이다.

# 다양하게 논의되는 행정구역 개편 논쟁

사회는 하루가 다르게 복잡해지고 전문화되고 있다. 이런 변화에 따라 재화와 서비스도 대량생산·대량판매를 통해 규모의 경제를 지향하던 체제에서 유연적 전문화 체제라는 다품종 소량 생산의, 부가가치가 높은 생산방식을 채택하고 있다. 세상이 빠르게 변하고 사람들의 욕구도 그만큼 다양해지기 때문이다. 또 교통과 통신의 발달로 전 세계에서 벌어지는 일이 실시간으로 전달되고 있으며 먼 거리로 인해 생기는 불편도 점차 사라지고 있다. 이렇게 세상은 빠르게 변하고 있지만, 우리나라 행정구역은 일제 때 구역 조정만 대대적으로 했을 뿐 4단계로 이루어진 위계 체계는 조선 건국 때인 600년 전 모습을 그대로 유지하고 있다.

일찍이 산업은 농업 중심에서 상공업 중심으로 변했다. 이에 따른 농촌 인구의 이촌향도로 우리나라의 도시화율은 세계 최고 수준이다. 우리나라 전체 인구 중 90%가 행정구역상 도시에 산다. 도시에서는 동(洞) 지역이 말단 행정단위인데, 보통 인구 2~4만 명을 기준으로 행정 동을 설치한다. 최근에는 행정 정보 전산화로 행정 동사무소의 기능도 많이 축소되어 명칭 변경 논란 속에 행정 동을 통폐합하려는 움직임이 일고 있다.

한편 농촌은 도–군–면–리 중에서 군 단위가 기초자치단체다. 인구가 감소해서 인구 5만 명도 되지 않는 기초자치단체가 51곳(2005 인구주택총조사)이고, 2만 이하인 곳도 울릉군(8329명)을 포함해 4곳이나 된다. 이 수는 시간이 갈수록 더 늘어날 것이다.

도시의 한 동 지역보다 적은 곳에 지방자치단체의 장, 지방의회 의원, 거기에 국회의원까지 있다. 또 이런 군 지역에 일반직 공무원의 수만 500명이 넘는다고 한다. 인구는 감소하는데 공무원은 줄지 않고 있으며, 일부 지자체의 경우 공무원이 늘어나는 이상한 현상이 벌어지고 있다. 인구가 절대치 이상으로 감소하면 상업·서비스업이 설 자리를 잃어 인구 감소의 속도가 더더욱 빨라진다. 적절한 정주 공간 단위로 행정구역을 통폐합해야 하는 일차적 이유가 여기에 있다.

계속되는 문제 제기에 위기감을 느낀 정치권도 여러 번 제도 개혁을 추진했다. 하지만 번번이 지역 주민의 갈등을 이유로 무산되었다. 오히려 논산시에서 계룡시 분리(2003), 괴산군에서 증평군 분리(2003), 안산(2002)·일산(2005)·용인(2005)의 분구 등 시대의 흐름과 역행하는 일도 벌어지고 있다. 역사적으로 보면 경제, 사회, 문화보다 정치권의 변화가 한발 느렸다. 그 느린 변화도 타 분야의 견인에 의한 것이거나 국민이 나서서 강제한 경우가 대부분이었다. 그만큼 말로는 국민을 위한다면서 기득권 유지에만 안간힘을 쓰고 있는 것이다. 정치권에서 행정구역 개편을 두려워하는 이유는 특별한 것도 없다. 특정 지역에서 별 노력 없이 권력을 얻고 유지할 수 있기 때문이다.

정치인들이 행정구역 개편이 어려운 이유로 지역 갈등을 들고 있다. 그러나 지역 갈등을 가장 많이 조장하고 이용한 세력이 바로 정치권이었으며, 그 때문에 올바른 방법과 대안이 나오지 않는 것이라고도 볼 수 있다. 설사 갈등이 있다 해도 이해관계를 조절하고 대안을 마련하는 것이 정치권이 해야 할 일인 것이다.

최근 들어 3~4단계 행정구역의 비효율성을 지적하는 목소리가 커지고 있다. 하루 빨리 2~3단계로 행정 체계를 축소해서 불필요한 예산을 줄이고 국민들의 행정적 요구를 빨리 처리할 수 있도록 해야 한다. 이런 방식은 이미 북한에서 시행하고 있다. 북한은 해방 직후부터 행정구역을 도−군−리의 3단계로 개편했다. 면 단위가 사라지면서 군 단위를 더욱 세분화하는 방식이다.

현대사회의 공간적 특성은 교통·통신의 발달로 중심지 접근성이 좋아졌다는 것이다. 도보로 행정기관을 방문하던 시절과 현재의 인터넷을 비교해 보면 바로 알 수 있다. 접근성이 달라진 만큼 행정구역에 대한 논의도 활발해져야 한다. 중앙정부가 계획하는 지역개발부터 지역의 잡다한 조례 제정까지 행정구역은 중요한 의미를 가지고 있다. 그 행정구역의 중심지가 바뀌고 명칭이 변한다는 것은 지역성이 변하고 있다는 증거다. 조금만 관심을 갖고 주변을 살펴보면 지금도 진행되고 있는 변화의 순간을 발견할 수 있을 것이다.

## ■ 참고 자료

### 장벽을 걷어치워라

김영봉 외, 《경의·동해선 연결과 접경 지역 평화벨트 구축 방안》, 국토연구원, 2003.

김잔디, 〈동유럽도 국경 없는 시대 개막〉, YTN, 2007. 12. 22.

서진석, 〈동유럽에도 판문점이 있었다〉, 《오마이뉴스》, 2007. 12. 27.

우베 뮐러, 이봉기 옮김, 《대재앙 통일 – 독일 통일로부터의 교훈》, 문학세계사, 2006.

이상준 외, 《북한의 공업지역 개발을 위한 국제협력 방향 연구》, 국토연구원, 2004.

이상준 외, 《남북교류 및 동북아 협력을 위한 국토계획 수립 연구》, 국토연구원, 2005.

존 리더, 김명남 옮김, 《도시, 인류 최후의 고향》, 지호, 2005.

진혜숙, 〈멀고 먼 진정한 통독 – 베를린장벽 붕괴 16주년 르포〉, 《연합뉴스 TV》, 2005. 11. 8.


### 대한민국 재발견 프로젝트

김재철, 《지도를 거꾸로 보면 한국인의 미래가 보인다》, 김영사, 2000.

송진흡, 〈동북아 허브공항 도약 가능성 보인다〉, 《동아일보》, 2001. 4. 27.

송진흡, 〈황금알 노선 관문…비상 이상無〉, 《동아일보》, 2001. 3. 29.

이병문, 〈세계 열린 도시를 가다 네덜란드 알미어·로테르담 시〉, 《매일경제신문》, 2005. 3. 30.

이원복, 《먼나라 이웃나라 – 네덜란드》, 김영사, 1998.

정영태, 〈한반도 중 – 러 – 북미 연결 물류 중심지로〉, 《동아일보》, 2000. 10. 30.

한국해사문제연구소, 〈거꾸로 그린 세계지도〉, 《월간해양한국》, 1996.

홍성욱, 〈한반도의 동북아물류 중심의 가능성과 전략〉, 《통일과 국토》

9호, 한국토지공사, 2002

CCTV, EBS 방영, 〈대국굴기 – 네덜란드편〉.

KBS, 〈일요스페셜 – 네덜란드의 기적〉, 2002. 1. 27.

〈이런 지도 보셨나요?〉, 오마이뉴스 2001. 4. 7.


### 고추, 배 타고 한국 오다

고혜선, 《페루의 어제와 오늘》, 단국대학교 출판부, 2003.

권병조, 《잉카 속으로》, 풀빛, 2003.

마귈론 투생 – 사마, 《먹거리의 역사》, 까치, 2002.

이성형, 《콜럼버스가 서쪽으로 간 까닭은》, 까치, 2003.

이희연, 《인구 지리학》, 법문사, 1993.

주경철, 《문화로 읽는 세계사》, 사계절출판사, 2005.

페르낭 브로델, 주경철 옮김, 《물질 문명과 자본주의 I-1》, 까치, 1995.

한복려, 〈한복려의 "밥"〉, 《뿌리깊은 나무》, 1991.


### 커피, 세계를 마시다

강준만·오두진, 《고종 스타벅스에 가다》, 인물과 사상사, 2005.

김경옥·신용호, 《커피와 차》, 학문사, 2005.

김대홍, '커피의 역사', KBS 인터넷 〈김대홍 기자의 취재파일 속으로〉, 2006.

김성윤, 《커피 이야기》, 살림, 2004.

김준, 《커피》, 김영사, 2004.

케네스 포케란츠·스티븐 토픽, 박광식 옮김, 《설탕, 커피 그리고 폭력》, 심산, 2003.

알랭 스텔라, 강현주 옮김, 《커피》, 창해, 2001.

원융희, 《커피 이야기》, 학문사, 2002.

하인리히 에두아르트 야콥, 박은영 옮김, 《커피의 역사》, 우물이 있는 집, 2003.

네이버 블로그 〈actuary의 꿈〉.


### 개고기와 말고기

버라토시 벌로그 베네데크, 초머 모세 옮김, 《코리아, 조용한 아침의 나라》, 집문당, 2005.

A. H. 새비지 – 랜도어, 신복룡 · 장우영 역주, 《고요한 아침의 나라 조선》, 집문당, 1998.

E. J. 오페르트, 신복룡 · 장우영 역주, 《금단의 나라 조선》, 집문당, 1999.

G. W. 길모어 지음, 신복룡 옮김, 《서울 풍물지》, 집문당, 1999.

H. B. 헐버트, 신복룡 역주, 《대한제국 멸망사》, 집문당, 1999.

H. N. 알렌, 신복룡 옮김, 《조선 견문기》, 집문당, 1999.

I. B. 비숍, 신복룡 옮김, 《조선과 그 이웃 나라들》, 집문당, 1999

J. S. 게일, 신복룡 옮김, 《전환기의 조선》, 집문당, 1998

L. H. 언더우드, 신복룡 · 최수근 역주, 《상투의 나라》, 집문당, 1999.

S. 베리만, 신복룡 · 변영욱 옮김, 《한국의 야생동물지》, 집문당, 1999.

W. E. 그리피스, 신복룡 옮김, 《은자의 나라 한국》, 집문당, 1998.

W. R. 칼스, 신복룡 옮김, 《조선 풍물지》, 집문당, 1999.

R. Malcolm Keir, 〈Modern Korea Part2〉, 《Bulletin of the Ameriacn geographical society》 vol 46 no 11 817~830, 1914.

## 만주 사람은 개 짖는 소리를 낸다고?

김교빈, 《배워라, 백성을 위해! 박제가의 북학의》, 삼성출판사, 2007.

박제가, 박정주 옮김, 《북학의 – 시대를 아파한 조선선비의 청국 기행》, 서해문집, 2003.

박제가, 안대회 옮김, 《북학의 – 조선의 근대를 꿈꾼 사상가 박제가의 개혁개방론》, 돌베개, 2003.

조윤애, 〈산업경제 분석 – 중국의 기술혁신 역량 변화와 시사점〉, KIET 산업경제 2007. 5.

## 세계의 경찰, 그들의 정체

곽재성 외, 《라틴아메리카를 찾아서》, 민음사, 2002.

김우택, 《라틴아메리카의 역사와 문화》, 소화, 2003.

이성형, 《콜럼버스가 서쪽으로 간 까닭은》, 까치, 2003.

카를로스 푸엔테스, 서성철 옮김, 《라틴아메리카의 역사》, 까치, 2003.

에두아르도 갈레아노, 박광순 옮김, 《수탈된 대지》, 범우사, 1999.

## 남과 북 구별 말고 잘 낳아 잘 기르자

김두섭, 〈북한 인구의 성 및 연령 구조에 대한 재검토 : 1994 인구센서

스 자료를 중심으로〉, 《한국인구학》 제24권, 2001.

김종일, 〈러시아 인구 감소로 골머리〉, 《파이낸셜뉴스》, 2002.05.26.

남성욱, 〈북한의 식량난과 인구 변화 추이(1961~1998)〉, 《현대북한연구》 제2권, 1999.

노용환, 〈북한의 인구센서스 결과 분석〉, 《보건복지포럼》 제7권, 1997.

노용환 · 연하청, 《북한 인구센서스의 정책적 함의》, 한국보건사회연구원, 1997.

박상태, 〈북한 인구의 구조와 변화(남북한의 비교)〉, 《동아연구》 22호, 1991.

북한경제연구센터, 〈북한의 인구 동향과 전망〉, KDI(한국개발연구원), 1991.

연하청, 《북한의 인구 · 보건 정책》, 아주남북한보건의료연구소, 2000.

이간용, 〈북한 지역의 인구지리적 고찰〉, 《지리교육논집》 44집, 2000.

정기원, 〈북한의 인구 현황과 전망〉, 《한국인구학회지》 16호, 1993.

정진상 김수민 윤황, 〈북한의 인구구조에 관한 분석〉, 《북한연구학회보》 제7권, 2003.

조혜종, 《인구지리학 개론》, 명보문화사, 1993.

조철환, 〈북한 어린이가 한민족 주류 될 수도〉, 《한국일보》, 2007. 10. 29.

—, 〈2030년 젊은이 2.7명이 노인 1명 부양〉, 국정브리핑, 2006. 11. 21.

—, 〈인구 감소 러시아, 아이 좀 낳아 주세요〉, 국정브리핑, 2006.11. 30.

## 국경 없는 마을에는 있고 서래 마을에는 없는 것

구희령, 〈서울 속 외국인 마을 10곳 심층 해부〉, 《중앙선데이》, 2007. 7. 8.

김귀수, 〈국내 체류 외국인 첫 100만 돌파… 전체 인구의 2% 차지〉, 《세계일보》, 2007. 8. 24.

안산 이주민 센터 홈페이지( http://www.migrant.or.kr)

이란주 · 설동훈, 《피부색은 달라도 모두가 평등합니다》, 국가인권위원회, 2004.

이재훈, 〈국내 체류 외국인 범죄 건수 선진국이 개도국보다 많아〉, 《서울신문》, 2007. 2. 5.

## 기아 사태가 즐겁다?

모리시마 마사루, 민승규 옮김, 《기아와 포식의 세계 식량》, 삼성경제연구소, 2003.

브루스터 닌, 안진환 옮김, 《누가 우리의 밥상을 지배하는가》, 시대의

창, 2008.

장 지글러, 유영미 옮김, 《왜 세계의 절반은 굶주리는가?》, 갈라파고스, 2007.

프란시스 무어 라페 외, 허남혁 옮김, 《굶주리는 세계》, 창비, 2003.

프란시스 무어 라페 외, 신경아 옮김, 《희망의 경계》, 이후, 2005.

피터 M. 로셋, 김영배 옮김, 《식량주권 : 식량은 상품이 아니라 주권이다》, 시대의창, 2008.


## 같은 도시 속 두 개의 공간

김위정, 〈공공임대주택 주민들에 대한 사회적 배제 연구〉, 《도시연구》 9호, 2004.

김창길, 〈고층 빌딩 숲 속의 우리 이웃 '쪽방촌'〉, 《세계일보》, 2007. 4. 3.

이창곤 외, 〈강북구 사망 위험 강남구보다 30% 높다〉, 《한겨레》, 2006. 1. 15.

임석회·이용우, 〈사회적 양극화와 공간적 특성 : 서울의 사례〉, 《한국지역지리학회지》 8, 2002.

최은영, 〈거주집단의 사회경제적 지위와 공교육 환경의 차별화〉, 《도시연구》 9, 2004.

최은영, 〈서울의 학력집단별 거주지 분리와 아파트 가격의 차별화〉, 《한국지역지리학회지》 10, 2004.

홍인욱·최병두, 〈포스트모던 도시의 사회·문화와 새로운 도시화〉, 《도시연구》 9, 2004.

Knox, P. and McCarthy, L, 《Urbanization》 2nd ed, Pearson Prentice Hall, 2005.

Knox, P. and Steven, P, 《Urban Social Geography (An Introduction)》, Prentice Hall, 2006.


## 필요한 운하와 필요 없는 운하

김수신, 고병호, 《지역개발론》, 한국방송통신대학교 출판부, 2003.

최병모 외, 《고1 사회》 대한교과서, 2002.

전국역사교사모임, 《살아있는 한국사 교과서》, 휴머니스트, 2007.

김의원, 〈안흥량 굴포(운하) 개착과 기법 연구〉, 《대한국토계획학회지》 제16권 제2호, 1981.

노도양, 〈가적운하의 역사지리적 고찰〉, 《서산군지》, 1968.

신병주, 《규장각에서 찾은 조선의 명품들》, 책과함께, 2007.


## 전통 마을의 친환경 마인드

심상섭, 《한국의 전통마을과 문화경관 찾기》, 대가, 2007.

이도원, 《전통마을 경관 요소들의 생태적 의미》, 서울대학교출판부, 2004.

이도원, 《한국의 전통 생태학》, 사이언스북스, 2004.

한필원, 《한국의 전통마을을 가다》1·2, 북로드, 2004.

KBS , 추석특집 〈산, 물, 바람, 그리고 마을〉, 2006. 9.


## 도시에 바람을 불러 웰빙을 꿈꾼다

강찬수, 〈서울 '열섬현상' 심화… 위성사진 확인〉, 《중앙일보》, 2005. 5. 11.

김수봉, 〈도시열섬현상 완화를 위한 대구시 바람길 도입 및 조성방안에 관한 연구〉, 《환경과학논총》 9(1), 2004.

김운수, 〈기후 특성을 고려한 도시계획제도의 도입과 적용 가능성에 관한 연구〉, 《서울도시연구》 2(1), 서울시정개발연구원, 2001.

김운수, 〈독일 슈투트가르트市의 기후분석지도를 활용한 친환경적 도시 및 건축계획 관리〉, 《세계도시경향》 151, 서울시정개발연구원, 2006.

남주리, 〈빌딩群에 바람 막힌 서울… 2007년 '바람길 지도' 만든다〉, 《조선일보》, 2004. 7. 15.

류철, 〈인간과 자연환경이 공존하는 생태도시〉, 《한국가스공사보》 7월호, 2004.

변병설, 〈세계의 환경도시 (2)- 바람의 도시: 슈투트가르트〉, 《도시 문제》 38 , 2003.

엄원근, 〈기상과 건강〉, 《부산일보》, 2007. 9. 4.

이노우에 토시히코, 유영초 옮김, 《세계의 환경도시를 가다》, 사계절출판사, 2004.

이성규, 〈청계천, 과학이 흐른다 (상) 바람길〉, 《사이언스타임즈》, 2005. 10. 3.

이순용, 〈바람길의 활용 방안 검토〉, 《지리과 교육》 4, 한국교원대학교 지리교육과, 2002.

이진숙, 〈친환경 행정중심복합도시 건설을 위한 바람길, 도시열섬 및 대기질에 관한 수치모의〉, 한국교원대학교 석사학위논문, 2006.

이호준, 〈바람길 조성(상)－산, 하천, 공기 활용 도시온도 낮추자〉, 《매일신문》, 2003. 9. 10.

차재규 외, 〈도시열섬현상 완화를 위한 녹지네트워크 및 바람길 구축〉, 《한국지리정보학회지》 10(1), 2007.

채영택, 〈컬러풀 대구와 숲 가꾸기〉, 2007. 8. 2.

최병고, 〈'바람길 효과' 입증… 실제 도심 시원해〉, 《매일신문》, 2004. 5. 3.

한찬규, 〈대구 녹색도시로 탈바꿈〉, 《서울신문》, 2006. 6. 27.


### 그 많던 명태는 다 어디로 갔을까?

에리히 폴라트 외, 김태희 옮김, 《자원전쟁》, 영림카디널, 2008.

팀 플래너리, 이한중 옮김, 《기후 창조자》황금나침반, 2006.

한국지리정보연구회, 《지리학을 빛낸 24인의 거장들》, 한울, 2003.

마크 라이너스, 이한중 옮김, 《지구의 미래로 떠난 여행》, 돌베개, 2006.


### 10년이 안 돼도 강산은 변한다

최완수, 《겸재의 한양진경》, 동아일보사, 2004.

권혁재, 《지형학》, 법문사, 2003.

일본교과서바로잡기운동본부, 《한국사 교과서의 희망을 찾아서》, 역사비평사, 2008.

전국역사교사모임, 《살아있는 한국사 교과서》1, 휴머니스트, 2007.

최영준, 《국토와 민족생활사》, 한길사, 1997.


### 아파트, 앉아라!

강준만 외, 《논쟁과 논술》, 인물과사상사, 2006.

김기호·문국현, 《도시의 생명력 그린웨이》, 랜덤하우스중앙, 2006.

박철수, 《아파트의 문화사》, 살림, 2006.

발레리 줄레조, 길혜연 옮김, 《아파트공화국》, 후마니타스, 2007.

손정목, 《서울 도시계획 이야기》1~3, 한울, 2003.

손정목, 《한국 도시 60년의 이야기》2, 한울, 2005.


### '어떤 나라'의 거리를 걷다 보면

김진선, 〈사회주의 국가의 도시계획에 관한 연구 : 북한을 중심으로〉, 건국대 석사학위논문, 1998.

김현수, 〈북한의 도시계획에 관한 연구〉, 서울대 박사학위논문, 1994.

김규원·유신재, 〈김현수 교수 '평양 도시계획' 특강〉, 《한겨레》, 2004.

8. 27.

안창모, 〈평양의 도시와 건축〉, 북한대학원대학교 특강 자료, 2005. 5.

염형민, 《북한의 국토개발-도시와 교통을 중심으로》, 공보처, 1994.

이기석 외, 《북한 지리교육을 위한 초·중등학교 교수·학습자료 개발 연구》, 교육인적자원부, 2001.

이왕기, 《북한 건축, 또 하나의 우리 모습》, 서울포럼, 2000.

통일교육원, 《북한 방문 길라잡이》, 통일부, 2004.

황봉혁, 《조선관광문답》, 조선국제려행사, 1994.


### 서울을 사수하라

서민철, 〈1980년대 이후 수도권/비수도권 지역격차 변화의 조절이론적 해석〉, 《대한지리학회지》 42권 1호, 2007.

전종한 외, 《인문지리학의 시선》, 논형, 2008.

수도분할반대 범국민운동본부 홈페이지(http://www.sudosasu.or.kr)

통계청 국가통계포털(www.kosis.kr).

―, 《사진으로 본 행정중심복합도시 발자취》, 행정중심복합도시건설청, 2006.


### 개천의 변신은 무죄?

문성규, 〈서울 동대문풍물시장 신설동 시대 개막〉, 《연합뉴스》, 2008. 4. 3.

서울시정개발연구원, 《지도로 본 서울》, 법문사, 2007.

서울특별시 청계천 홈페이지(http://cheonggye.seoul.go.kr).


### 인동 장씨는 알아도 인동은 모르는 이유

김수신·고병호, 《지역개발론》, 방송통신대학교출판부, 2003.

마크 몬모니어, 손일·정인철 옮김, 《지도와 거짓말》, 푸른길, 2005.

이수건, 《한국 성씨와 족보》, 서울대학교출판부, 2003.

장 크리스토프 빅토르, 김희균 옮김, 《아틀라스 세계는 지금》, 책과함께, 2007.

신정일, 《대동여지도로 사라진 옛고을을 가다》1~3, 황금나침반, 2006.

## ■ 사진 제공

공정무역가게 울림(http://www.fairtradekorea.com) 61
김대훈 35
김선숙 205
김승혜 228, 229
김운수(서울 시정개발연구원) 192, 194
김현수 82
박미경 244
박병석 40, 42, 44, 50, 96, 97, 99
박상길 198, 214, 216
박정애 175, 178, 180
배동렬 14
서민철 275(오른쪽)
서울대 규장각 78
서진석 17
서해문집 45, 47, 50(원 내) 60, 71, 121(위), 122(왼쪽), 123(아래), 143, 153, 184, 209(오른쪽), 226, 274, 275(왼쪽), 285
연합뉴스 20(왼쪽), 129, 137, 140, 168, 221, 233, 258(아래)
(주)영화사 진진 235, 248, 249
윤신원 18, 19, 20(오른쪽), 22, 24, 237, 240, 243, 246

이동기 56
이미숙 88
이병윤 272
이선영 121(아래), 122(오른쪽), 123(위), 126, 149
이홍찬 201
장광덕 190
조선일보 209(왼쪽), 258(위)
중앙일보 224
지오포토 120(김상태), 163(김석용), 165(정혜윤), 167(안종욱), 173(박래광), 252(박병석), 266(김석용)
통일교육원 245
하나투어 33
《사진으로 보는 조선시대》(서문당, 1986) 65, 70
《금단의 나라 조선》(집문당, 2000) 63
《조선과 그 이웃 나라들》(집문당, 2000) 67


- 사진을 제공해 주시고 게재를 허락해 주신 분들께 감사드립니다.
- 일부 저작권을 찾지 못한 사진은 확인되는 대로 정해진 절차에 따라 이용료를 지불하겠습니다.